Pumpspeicher an Bundeswasserstraßen

Heinrich Degenhart · Thomas Schomerus ·
Detlef Schulz
Herausgeber

Pumpspeicher an Bundeswasserstraßen

Technische, wirtschaftliche und rechtliche Rahmenbedingungen am Beispiel des Elbe-Seitenkanals

Herausgeber

Heinrich Degenhart
Institut für Bank-, Finanz- und
Rechnungswesen
Leuphana Universität Lüneburg
Lüneburg, Deutschland

Thomas Schomerus
Institut für Nachhaltigkeitssteuerung
Leuphana Universität Lüneburg
Lüneburg, Deutschland

Detlef Schulz
Fakultät für Elektrotechnik/Professur für
Elektrische Energiesysteme
Helmut-Schmidt-Universität/Universität der
Bundeswehr Hamburg
Hamburg, Deutschland

ISBN 978-3-658-10915-8 ISBN 978-3-658-10916-5 (eBook)
DOI 10.1007/978-3-658-10916-5

Die Deutsche Nationalbibliothek verzeichnet diese Publikation in der Deutschen Nationalbibliografie; detaillierte bibliografische Daten sind im Internet über http://dnb.d-nb.de abrufbar.

Springer Vieweg

Lektorat: Dr. Daniel Fröhlich

Gedruckt auf säurefreiem und chlorfrei gebleichtem Papier.

Springer Fachmedien Wiesbaden GmbH ist Teil der Fachverlagsgruppe Springer Science+Business Media (www.springer.com)

Vorwort

Die vorliegende Publikation ist im Rahmen des Forschungsprojektes EnERgioN – Erzeugung, Speicherung und Vermarktung von Erneuerbaren Energien in der Region Nord – entstanden. Das Vorhaben war Teil des EU-Großprojektes „Innovations-Inkubator Lüneburg", eines Projekts der Leuphana Universität Lüneburg und des Landes Niedersachsen zur wissensbasierten Regionalentwicklung.

Im EnERgioN-Projekt ging ein interdisziplinäres Team aus Wirtschafts- und Rechtswissenschaftlern sowie Ingenieuren der Frage nach, wie sich regionaler Strom aus erneuerbaren Energien besser in der Region speichern und verteilen lässt. Dafür prüfte das Forschungsteam Geschäftsansätze zu virtuellen Kraftwerken, die kleine, dezentrale und häufig von Privatpersonen betriebene Stromerzeuger zusammenschalten und Versorgungsunternehmen, Netzbetreiber sowie Konsumenten verknüpfen.

Das Teilprojekt zur Frage der Pumpspeicherung von Strom im Elbe-Seitenkanal war der Ausgangspunkt für EnERgioN. Ideengeber waren Jürgen Nölke und Hubertus Schulte, denen hierfür besonderer Dank gebührt.

Unser Dank geht vor allem auch an die Fördermittelgeber, die Europäische Union mit dem Europäischen Fonds für Regionale Entwicklung (EFRE) und das Land Niedersachsen. Ebenso sei den Mitarbeiterinnen und Mitarbeitern der Wasser- und Schifffahrtsverwaltung des Bundes, insbesondere Kai Römer, Martin Köther, Uwe Borges und Heidrun Wenhold, sehr für ihre Unterstützung gedankt. Das Teilprojekt begleitet hat die Ingenieurgesellschaft Heidt & Peters mbH, namentlich Frank Gries, dem hierfür ebenfalls zu danken ist.

Zuletzt möchten wir dem EnERgioN-Team unseren ganz herzlichen Dank aussprechen, ohne das die mit dem Projekt verbundenen Herausforderungen nicht hätten bewältigt werden können.

Lüneburg und Hamburg, im Juli 2015

Prof. Dr. Heinrich Degenhart,
Prof. Dr. Thomas Schomerus,
Prof. Dr.-Ing. Detlef Schulz

Überblick über Autorinnen und Autoren

Degenhart, Heinrich
Prof. Dr. Heinrich Degenhart ist Professor für Finanzierung und Finanzwirtschaft an der Leuphana Universität Lüneburg. Er war Gesamtprojektleiter des EnERgioN-Projektes.

Doliwa, Martin
Martin Doliwa M.Sc. war wissenschaftlicher Mitarbeiter an der Professur für Finanzierung und Finanzwirtschaft im Projekt EnERgioN.

Grumm, Florian
Dipl.-Ing. Florian Grumm war wissenschaftlicher Mitarbeiter an der Professur für Finanzierung und Finanzwirtschaft im Projekt EnERgioN und ist wissenschaftlicher Mitarbeiter an der Professur für Elektrische Energiesysteme der Helmut-Schmidt-Universität/Universität der Bundeswehr Hamburg.

Holstenkamp, Lars
Dipl.-Volkswirt Lars Holstenkamp ist wissenschaftlicher Mitarbeiter an der Professur für Finanzierung und Finanzwirtschaft. Er war Koordinator des Projektes EnERgioN.

Koch, Robert
Robert Koch, M.Eng. war studentischer Mitarbeiter an der Professur für Finanzierung und Finanzwirtschaft im Projekt EnERgioN.

Kott, Thomas
Diplom-Wirtschaftsingenieur Thomas Kott war Business Development Agent im EnERgion-Projekt. Er war zuständig für die Vermittlung zwischen Projektpartnern und der Wissenschaft.

Maly, Christian
Christian Maly, M.A. LL.B. war wissenschaftlicher Mitarbeiter an der Professur für Öffentliches Recht, insbesondere Energie- & Umweltrecht im Projekt EnERgioN.

Mattner, Stephan
Stephan Mattner, M.Sc. war im Rahmen seiner Masterarbeit an der Professur für Elektrische Energiesysteme der Helmut-Schmidt-Universität/Universität der Bundeswehr Hamburg, begleitend zum EnERgioN-Projekt, mit der Pumpspeicherung an Bundeswasserstraßen beschäftigt.

Meister, Moritz
Moritz Meister, M.Sc. LL.B. war wissenschaftlicher Mitarbeiter an der Professur für Öffentliches Recht, insbesondere Energie- & Umweltrecht im Projekt EnERgioN.

Obbelode, Felix
Felix Obbelode, M.Eng. war wissenschaftlicher Mitarbeiter an der Professur für Finanzierung und Finanzwirtschaft im Projekt EnERgioN.

Plenz, Maik
Maik Plenz, M.Eng. war wissenschaftlicher Mitarbeiter an der Professur für Finanzierung und Finanzwirtschaft im Projekt EnERgioN und ist wissenschaftlicher Mitarbeiter an der BTU Cottbus-Senftenberg.

Schomerus, Thomas
Prof. Dr. Thomas Schomerus ist Professor für Öffentliches Recht, insbesondere Energie- & Umweltrecht, an der Leuphana Universität Lüneburg. Er war Teilprojektleiter des EnERgioN-Projektes. Im 2. Hauptamt ist Prof. Dr. Schomerus Richter am Oberverwaltungsgericht Lüneburg.

Schulz, Detlef
Prof. Dr.-Ing. habil. Detlef Schulz ist Professor für Elektrische Energiesysteme an der Helmut-Schmidt-Universität/Universität der Bundeswehr Hamburg. Er war Teilprojektleiter des EnERgioN-Projektes und betreute die Masterarbeit von Stephan Mattner.

Stecher, Michaela
Dr. jur. Michaela Stecher, LL.M. war wissenschaftliche Mitarbeiterin an der Professur für Öffentliches Recht, insbesondere Energie- & Umweltrecht im Projekt EnERgioN

Weiß, Thomas
Dipl.-Ing. Thomas Weiß ist wissenschaftlicher Mitarbeiter an der Professur für Elektrische Energiesysteme der Helmut-Schmidt-Universität/Universität der Bundeswehr Hamburg. Er betreute die Masterarbeit von Stephan Mattner.

Abkürzungsverzeichnis

AbLaV	Verordnung über Vereinbarungen zu abschaltbaren Lasten
BImSchG	Bundes-Immissionsschutzgesetz
BNatSchG	Bundesnaturschutzgesetz
ct	Cent
DN	diamètre nominal (Nennweite)
EE	Erneuerbare Energien
EEG	Erneuerbare-Energien-Gesetz
EEX	European Energy Exchange
EG-WRRL	Europäische Wasserrahmenrichtlinie
EnWG	Energiewirtschaftsgesetz
EPEX	European Power Exchange
ESK	Elbe-Seitenkanal
etc.	et cetera
GDWS	Generaldirektion Wasserstraßen und Schifffahrt
GG	Grundgesetz
h	Stunde
HöS	Höchstspannung
HT	Hochtarif
i. S. d.	im Sinne der/des
i. V. m.	in Verbindung mit
KAV	Konzessionsabgabenverordnung
kW	Kilowatt
KW	Kalenderwoche
KWK	Kraft-Wärme-Kopplung
KWKG	Kraft-Wärme-Kopplungsgesetz
MLK	Mittellandkanal
MRL	Minutenreserveleistung
MWh	Megawattstunde
MwSt	Mehrwertsteuer
Nds.	niedersächsisch
Nds. FischG	Niedersächsisches Fischereigesetz

NLWKN	Niedersächsische Landesbetrieb für Wasserwirtschaft, Küsten- und Naturschutz
NT	Niedertarif
NWG	Niedersächsisches Wassergesetz
OBW	oberer Bemessungswasserstand
OTC	Over-The-Counter
p. a.	pro anno = pro Jahr
PaT	Pumpe als Turbine
PRL	Primärregelleistung
PSW	Pumpspeicherwerk
PSKW	Pumpspeicherkraftwerk
Q	Volumenstrom
RL	Richtlinie
SDL	Systemdienstleistungsmarkt
SKH	Stichkanal Hildesheim
SKL	Stichkanal Hannover/Linden
SKS	Stichkanal Salzgitter
ssG	strom- und schifffahrtspolizeilichen Genehmigung
StromNEV	Stromnetzentgeltverordnung
StromStG	Stromsteuergesetz
StromStV	Stromsteuerverordnung
SRL	Sekundärregelleistung
TA	Technische Anleitung
UBW	unterer Bemessungswasserstand
ÜNB	Übertragungsnetzbetreiber
UStG	Umsatzsteuergesetz
UV	Umbauvariante
UVP	Umweltverträglichkeitsprüfung
UVPG	Gesetz über die Umweltverträglichkeitsprüfung
VgV	Verordnung über die Vergabe öffentlicher Aufträge
VV-WSV	Verwaltungsvorschrift der Wasser- und Schifffahrtsverwaltung des Bundes
VwVfG	Verwaltungsverfahrensgesetz
WaStrG	Bundeswasserstraßengesetz
WHG	Wasserhaushaltsgesetz
WRRL	Wasserrahmenrichtlinie
WSA	Wasser- und Schifffahrtsamt
WSV	Wasser- und Schifffahrtsverwaltung des Bundes
ZustVO-Wasser	Verordnung über Zuständigkeiten auf dem Gebiet des Wasserrechts

Inhaltsverzeichnis

Abbildungsverzeichnis

Tabellenverzeichnis

1 Umbau des Energiesystems, virtuelle Kraftwerke und Kanalpumpspeicher

Maik Plenz, Lars Holstenkamp und Florian Grumm

1.1 Ausgangsüberlegung zur Etablierung eines Kanalpumpspeichers

Seit der Liberalisierung der Energiemärkte und den sicherheits- und klimapolitisch motivierten Plänen zur Erhöhung des Anteils erneuerbarer Energien befinden sich Energiedargebot und Energiemärkte in einem grundlegenden Wandel. Beispielhaft genannt seien an dieser Stelle der Europäische Klima- und Energierahmen 2030, der auf den 20-20-20-Zielen der Europäischen Union aufbaut,[1] die Erneuerbare-Energien-Richtlinie[2] und das Gesetzespaket der Bundesregierung zur *Energiewende* nach dem Reaktorunfall in Fukushima.[3] Zur Angleichung von Energiedargebot und -nachfrage werden bei einem wachsenden Anteil fluktuierender erneuerbarer Energien Optionen zur Flexibilisierung benötigt, zu denen Speicher zählen. Realisierbare Energiespeichertechnologien ermögli-

[1] Die 20-20-20-Ziele umfassen die Senkung der Treibhausgasemissionen um 20 % gegenüber dem Referenzjahr 1990, die Steigerung des Anteils erneuerbarer Energien am Energieverbrauch auf 20 % sowie die Senkung des Primärenergieverbrauchs um 20 %, für alle drei Ziele jeweils bis 2020.

[2] Richtlinie 2009/28/EG des Europäischen Parlaments und des Rates vom 23. April 2009 zur Förderung der Nutzung von Energie aus erneuerbaren Quellen und zur Änderung und anschließenden Aufhebung der Richtlinien 2001/77/EG und 2003/30/EG.

[3] Das Paket vom 6. Juni 2011 umfasste zehn Gesetze, vgl. den Überblick unter http://www.bundesregierung.de/ContentArchiv/DE/Archiv17/Artikel/2012/06/2012-06-04-artikel-hintergrund-energiewende-gesetzespaket.html.

Maik Plenz ✉
BTU Cottbus-Senftenberg, Cottbus, Deutschland
e-mail: maik.plenz@b-tu.de

Lars Holstenkamp
Leuphana Universität Lüneburg, Lüneburg, Deutschland
e-mail: holstenkamp@leuphana.de

Florian Grumm
Helmut-Schmidt-Universität/Universität der Bundeswehr, Hamburg, Deutschland

H. Degenhart et al. (Hrsg.), *Pumpspeicher an Bundeswasserstraßen*,
DOI 10.1007/978-3-658-10916-5_1

chen die zeitliche Entkopplung von Angebot und Nachfrage bei Energie, Leistung und Netzdienstleistungen und können so zur Bewältigung der aktuellen und zukünftigen Herausforderungen mit Blick auf die Einzelsysteme (Erzeuger, Netz, Speicher, Verbraucher) beitragen.

In der vorliegenden Untersuchung wird der Frage nachgegangen, inwieweit das bestehende Netz der Bundeswasserstraßen dazu geeignet ist, als großtechnischer Energiespeicher zu fungieren. Eine sukzessive Analyse der Bundeswasserstraßen, welche speziell in Nord- und Mitteldeutschland, also *speicherarmen* Regionen mit hoher Windenergieeinspeisung, vorhanden sind, wird zur Beurteilung der Speichertauglichkeit durchgeführt. Es wird nach einer Lösung gesucht, eine technologisch ausgereifte Speicherform für elektrische Energie, ein Pumpspeicherkraftwerk, in eine Verbindung mit regionalen Gegebenheiten und möglichst geringen Investitions- und/oder Betriebskosten zu bringen. Der Vorteil eines Pumpspeicherwerks in künstlichen Strukturen wie Kanälen liegt darin, dass auf eine vorhandene Infrastruktur zurückgegriffen wird. Der zusätzliche Eingriff in die Landschaft ist somit gering.

1.2 Projekthintergrund: EnERgioN

Die Analyse ist in das Forschungsprojekt „EnERgioN – Erzeugung, Speicherung und Vermarktung von Erneuerbaren Energien in der Region Nord“ eingebettet. Im Mittelpunkt dieses von der Europäischen Union im Rahmen des Europäischen Fonds für regionale Entwicklung (EFRE) und vom Land Niedersachsen geförderten Projektes, geht es um die Untersuchung von Geschäftsansätzen rund um die Idee virtueller Kraftwerke für Akteure in Norddeutschland. Projektleitende Idee ist die dauerhafte und umweltverträgliche Sicherstellung der Energieversorgung innerhalb abgegrenzter Gebiete und Regionen, die miteinander verbunden sind. Es geht mithin nicht alleinig um die Frage, ob ein Pumpspeicher, z. B. ein Kanalpumpspeicher, isoliert betrachtet technisch und ökonomisch zweckentsprechend umgesetzt und betrieben werden kann, sondern darum, diesen in einer regionalen Betrachtung in das Energiesystem zu integrieren. Insofern stellen die hier vorgelegten Ergebnisse lediglich einen Zwischenschritt dar.

Zurzeit laufen zahlreiche Forschungsprojekte, die direkt oder indirekt virtuelle Kraftwerke als Forschungsgegenstand haben. In Projekten wie „Regenerative Modellregion Harz (RegModHarz)“[4] oder „Kombikraftwerk“[5] wurden technische und wirtschaftliche Analysen zum Pooling von Anlagen durchgeführt. An die Erfahrungen aus diesen Forschungsprojekten wird im Projekt EnERgioN angeknüpft. Neu beim Projekt EnERgioN sind insbesondere:

[4] Megersa (2013, S. 16).
[5] Hölting (2014, S. 70).

- die Zusammenführung einer Vielzahl an Akteuren in einer technischen und betrieblichen Einheit über einen größeren räumlichen Bereich und die Behandlung damit verbundener technischer (Eigenschaften unterschiedlicher Erzeugungsanlagen/Auswirkungen auf Netz und Verbraucher), betriebswirtschaftlicher (Geschäftsmodellentwicklung/Organisation) und rechtlicher (Vertragsgestaltung/Rahmensetzung) Fragestellungen;
- die Zusammenarbeit mit einem Verbund kleiner und mittlerer Stadtwerke und die damit verbundenen besonderen technischen, betriebswirtschaftlichen und rechtlichen Herausforderungen (Verteilnetze, lokale Szenarien, Kapazitätsengpässe, Realisierung von Größenvorteilen durch Kooperation);
- die Integration technischer, rechtlicher und betriebswirtschaftlicher Perspektiven mittels Prüfung energiewirtschaftlicher Rahmenbedingungen (technische, energiewirtschaftliche und – unter Einbezug des gegebenen Rechtsrahmens – betriebswirtschaftliche Optimierung) und ggf. die Entwicklung von Änderungsvorschlägen;
- die Berücksichtigung sozioökonomischer Herausforderungen, speziell die Akzeptanz der Maßnahmen, durch Analyse von Bürgerbeteiligungsoptionen aus rechtlicher und finanzwirtschaftlicher Perspektive;
- die Einbindung der Wasserwirtschaft, hier in Form eines Pumpspeichers.

Diese letztgenannte Projektkomponente ist Gegenstand der vorliegenden Untersuchung. Erzeugung, Speicherung, Netztopologie, Verbraucher und Vermarktung werden in einem Demonstrator dargestellt (siehe Abb. 1.1). Der Demonstrator besteht aus einer Software, in der technische, wirtschaftliche und rechtliche Zusammenhänge abgebildet werden, und einer Hardware, die der Visualisierung dieser Gegebenheiten dient.

Abb. 1.1 Aufbau des Demonstrators

Dargebotsabhängige Erzeugungseinheiten (wie Photovoltaik- und Windkraftwerke) werden mit nichtdargebotsabhängigen Erzeugungseinheiten (wie Biogas- und Biomassekraftwerke), Speichereinheiten und Verbrauchern verknüpft. Auf diese Weise soll eine Diversifizierung, also ein Ausgleich stochastischer Variationen, stattfinden – durch eine größere Anzahl von Erzeugern und Verbrauchern, durch unterschiedliche Technologien und durch räumliche Verteilung, wenn auch nur innerhalb einer näher zu definierenden Region. Die Speichereinheiten haben zunächst einmal die Fähigkeit, Strom aus volatilen Erzeugern, zu dessen Produktionszeitpunkt keine ausreichende Nachfrage besteht, optimal aufzunehmen und an einem geeigneteren Zeitpunkt wieder freizugeben (Lastverschiebung). Durch ein Pooling eröffnen sich weiterführende Nutzungsmöglichkeiten, die den Einzelanlagen verwehrt bleiben, z. B. die Teilnahme am Regelleistungsmarkt.

1.3 Fragestellung und Aufbau des Buches

Im Folgenden wird der Frage nach der grundsätzlichen technischen, rechtlichen und wirtschaftlichen Machbarkeit des Kanalpumpspeicherkonzeptes nachgegangen. Die Erzeugung von Wechselstrom durch Laufwasserkraftwerke aus den Höhendifferenzen und Mengenströmen von Flüssen und Kanälen ist schon seit Beginn des 20. Jahrhunderts bekannt.[6] Erste regional spezifische Ideen zur temporären Nutzung von Flüssen als Potentialspeichersystem in Form dezentraler Kleinstrückhaltebecken rückten jedoch erst deutlich später in den Fokus der Forschung. Eine erste interdisziplinäre Einführung zur Energiespeicherung in Kanälen und Bundeswasserstraßen am Beispiel des Elbe-Seitenkanals wurde im Rahmen der Voruntersuchungen zu diesem Projekt vorgelegt.[7] Daran knüpfen Untersuchungen zu Potentialen[8] und erste technische Umsetzungsoptionen[9] an. In der vorliegenden Arbeit werden die genannten Analysen überprüft und vertieft und eine vollständige technische, rechtliche und ökonomische Betrachtung vorgenommen. Als Beispiel dient hier der Elbe-Seitenkanal mit seinen Abstiegsbauwerken in Scharnebeck und Uelzen.

Neben der Vorstellung der Projektidee findet zunächst – in einer ersten Grundlagenbetrachtung – eine systematische Durchleuchtung der Bundeswasserstraßen bezüglich ihrer Tauglichkeit zur Energiespeicherung statt (Kap. 2). Neben der Ermittlung der zur Verfügung stehenden Speicherpotenziale in Deutschland sowie im gesondert ausgewiesenen und untersuchten Bereich Elbe-Seitenkanal spielen auch die technische und hydromechanische Realisierung des Speicherprozesses sowie die Vor- und Nachteile von Bundeswasserstraßen im Vergleich zu konventionellen Pumpspeicherkraftwerken eine Rolle. Die Darstellung und Klassifizierung der zur potenziellen Nutzung verfügbaren Kanalabschnitte der Bundeswasserstraßen ermöglicht dabei einen Überblick der speichertaugli-

[6] Giesecke und Mosonyi (2009).
[7] Schomerus und Degenhart (2011).
[8] Stenzel et al. (2013).
[9] Weiß et al. (2013).

chen Systeme. Eine Darstellung möglicher Umbauvarianten zeigt die baulichen Optionen an ausgewählten Staustufen auf.

Im Mittelpunkt der rechtlichen Analyse (Kap. 3) stehen zunächst das Wasserstraßenrecht und das Wasserhaushaltsrecht, nach denen sich die rechtliche Umsetzbarkeit bemisst. Die in Abschn. 3.3 erörterten energierechtlichen Fragen haben unmittelbare Auswirkungen auf die Wirtschaftlichkeit eines Kanalpumpspeichers. Bei der Realisierung eines solchen Vorhabens sind ferner vergaberechtliche Vorgaben zu beachten (Abschn. 3.4).

Die Abschätzung der Wirtschaftlichkeit an vorhandenen Energiemärkten (Spotmarkt und Regelleistungsmärkte) in Kap. 4 verdeutlicht die Rolle und Einsatzoptionen der untersuchten regionalen Speicheroption. Eine Aussage, ob der Einsatz dieser Speicherform technisch und wirtschaftlich sinnvoll ist, hängt zum einen von den technischen Anforderungen, die im zukünftigen Energiesystem an Flexibilisierungsoptionen und Systemdienstleistungsanforderungen gestellt werden, zum anderen von der Gestaltung der Energiemärkte und umweltrechtlichen Vorgaben ab. Darüber hinaus steht ein Kanalpumpspeicher in Konkurrenz zu anderen Speicher- oder Ausgleichsoptionen. Im Weiteren werden daher unterschiedliche Alternativen gegeneinander abgewogen. Anhaltspunkte, nach welchen Kriterien die Abwägungsentscheidung zu treffen ist, werden in der vorliegenden Arbeit präsentiert.

Weiterhin wurden rund um dieses Buch einige Publikationen erstellt, die sich transdisziplinär und aus verschiedenen Gesichtspunkten mit der Thematik des Pumpspeicherwerkes Elbe-Seitenkanal auseinandersetzen.[10]

Eine eigens konzipierte Speichersimulation (Kap. 5), dargelegt anhand eines Anwendungsbeispiels, weist die Fähigkeit des *Energiespeichers Bundeswasserstraßen* zum Ausgleich von Lastschwankungen und zur zeitlichen Verschiebung des Energiedargebots theoretisch nach. Dies geschieht mit Hilfe des Programmes MATLAB der Firma Mathworks auf der Grundlage von synthetischen Last- und Einspeiseprofilen.

Die Arbeit schließt mit einer Zusammenfassung der Ergebnisse und einem Ausblick (Kap. 6).

Literatur

Giesecke J, Mosonyi E (2009) Wasserkraftanlagen – Planung, Bau und Betrieb. Springer, Berlin, Heidelberg

Hölting S (2014) Stromversorgungsmanagement im regenerativen Deutschland: Dezentral oder zentral? Welches System eignet sich besser?. Diplomica Verlag, Hamburg

Megersa G (2013) Energiewirtschaftliche Potenzialanalyse für Stromspeicher sowie für den Einsatz von flexiblen Energieanlagen: Für eine Stromversorgung mit 100 % regenerativen Energien im Landkreis Harz. Diplomica Verlag, Hamburg

Plenz M, Mattner S, Degenhart H. Holstenkamp L (2013a) Innovativer Energiespeicher Bundeswasserstraßen. Zeitschrift für Energiewirtschaft 37 (4): 261–276. doi: 10.1007/s12398-013-0119-3

[10] Plenz et al. (2013a, S. 261–276) Storjohann und Plenz (2013), Plenz et al. (2013b).

Plenz M, Storjohann J, Mattner S (2013b) Kanalspeicher Bundeswasserstraßen – Eine regionale Speicherkomponente im Verteilnetz. NEIS-Konferenz 2013, Hamburg

Schomerus T, Degenhart H (2011) Energiespeicherung in Bundeswasserstraßen. Solarzeitalter, 2/2011

Stenzel P, Bongartz R, Kossi E (2013) Potenzialanalyse für Pumpspeicher an Bundeswasserstraßen in Deutschland, Energiewirtschaftliche Tagesfragen 63 (3): 54–57

Storjohann E, Plenz M (2013) A canal buffer for the federal waterways – Application and simulation of a regional storage system. IRES-Konferenz 2013, Berlin

Weiß T, Grumm F, Schulz D, Mattner S (2013) Die Bundeswasserstraßen als Energiespeicher – Potenzial und Herausforderungen. WasserWirtschaft 07–08: 19–22. doi: 10.1365/s35147-013-0645-2

Technische Grundlagen und Umsetzungsvarianten eines Pumpspeichers am Elbe-Seitenkanal

2

Maik Plenz, Stephan Mattner, Robert Koch, Thomas Weiß und Detlef Schulz

2.1 Grundlagen der Pumpspeicherung

Die physikalischen Grundlagen der Energiespeicherung durch Potentialunterschiede lassen sich konkret aus der speziellen Relativitätstheorie und vereinfacht aus den newtonschen Gravitationsgesetzmäßigkeiten herleiten. Das Produkt aus der orts-/feldabhängigen Gravitationsfeldstärke ($\vec{g}$) bzw. vereinfacht dargestellt der Arbeit der Erdanziehungskraft (g), der Masse eines Körpers (m) und der Höhe (h) über dem Erdradius (R) definiert dabei die potentielle Energie, mit der ein Körper versehen ist. Pumpspeicherkraftwerke nutzen diesen Effekt, um überschüssige elektrische Energie zwischenzuspeichern, indem Wasser von einem niedrigeren Niveau eines Speichersystems (Unterbecken, h_{UB}) auf ein höheres Niveau, in ein unabhängiges Aufnahmesystem (Oberbecken, h_{OB}), befördert wird. Die elektrische Energie (E_{el}) wird dabei in Lageenergie bzw. potenzielle Energie(E_{pot}) umgewandelt.

Maik Plenz ✉
BTU Cottbus-Senftenberg, Cottbus, Deutschland
e-mail: maik.plenz@b-tu.de

Stephan Mattner · Thomas Weiß · Detlef Schulz
Helmut-Schmidt-Universität/Universität der Bundeswehr Hamburg, Fakultät für Elektrotechnik/Professur für Elektrische Energiesysteme, Hamburg, Deutschland
e-mail: detlef.schulz@hsu-hh.de, thweiss@hsu-hh.de

Robert Koch
Leuphana Universität Lüneburg, Lüneburg, Deutschland
e-mail: degenhart@uni.leuphana.de

H. Degenhart et al. (Hrsg.), *Pumpspeicher an Bundeswasserstraßen*,
DOI 10.1007/978-3-658-10916-5_2

Potentielle Energie allgemein und in Kanalpumpspeichern

$$E_{pot} = -\int_{R}^{R+h} m \cdot \vec{g} \cdot d\vec{r} = \varrho_{H_2O} \cdot V_{H_2O} \cdot g \cdot (h_{OB} - h_{UB}) \tag{2.1}$$

ϱ_{H_2O} Dichte des Wassers [kg/m³]
h_{OB} Höhe Oberbecken ü. NN [m]
h_{UB} Höhe Unterbecken ü. NN [m]
V_{H_2O} Volumen des Wassers [m³]

Um die Energie aus dem potentiellen System zu nutzen, wird das Wasser aus dem Oberbecken abgelassen und über einen (reversiblen) Maschinensatz (Pumpturbine mit Generator) oder ein ternäres System (Motorgenerator mit separater Turbine und Pumpensatz) wieder in Strom (E_{el}) umgewandelt.

Rückwandelung elektrischer Energie

$$E_{el} = \eta_{Gesamt} \cdot E_{pot} \quad [\text{MWh}] \tag{2.2}$$

Der Speichersystemwirkungsgrad ist wie in allen mechanischen Umwandlungsprozessen mit vielfältigen Verlusten beim Ein- und Ausspeichern elektrischer Energie beaufschlagt. Als Gesamtwirkungsgrad großer, moderner Pumpspeicherkraftwerke werden zwischen 75 bis 80 % angegeben.[1] Im Gesamtsystemwirkungsgrad (η_{Gesamt}) kumulieren sich die Effizienzverluste des Pumpspeicherwerkes, durch Rohrreibungsverluste, Verluste im Maschinensatz, Umwandlungsverluste etc. zu einem Gesamtverlust, der die abgegebene Energiemenge dabei um die ursprünglich bezogene Energiemenge reduziert.

Zusammensetzung des Gesamtwirkungsgrades

$$\eta_{Gesamt} = \eta_L^2 \cdot \eta_{totM} \cdot \eta_{Trafo}^2 \quad [-] \tag{2.3}$$

η_{Gesamt} Gesamtwirkungsgrad [–]
η_L Wirkungsgrad Leitungen [–]
η_{totM} Wirkungsgrad Maschinensatz [–]
η_{Trafo} Wirkungsgrad Trafo [–]

[1] Konstantin (2009).

Bildung des Maschinensatzwirkungsgrades

$$\eta_{totM} = \eta_T \cdot \eta_{Getriebe} \cdot \eta_G \cdot \left(1 - \eta_{Eig}\right) \cdot \eta_P \cdot \eta_M \quad [-] \tag{2.4}$$

η_T Wirkungsgrad Turbine [–]
η_{Eig} Eigenversorgung WKA [–]
$\eta_{Getriebe}$ Wirkungsgrad Getriebes/Riemenantriebes (sofern vorh.) [–]
η_G Wirkungsgrad Generator [–]
η_P Wirkungsgrad Pumpe [–]
η_M Wirkungsgrad Motor [–]

Vollständige Regelfähigkeit, ein hoher Wirkungsgrad und die vergleichsweise kurzen Zeitgradienten zum Anlauf der Anlage trugen zu einer stärkeren Fokussierung auf Planung und Weiterentwicklung dieser Speichertechnologie bei.[2] Diese vorteilhaften Eigenschaften legen die Anwendung eines kongruenten Systems innerhalb begrenzter, regionaler Gegebenheiten als erstrebenswert nahe. Die Integration von Pumpspeicherwerken in die Bundeswasserstraßen erfordert die Analyse weiterer Faktoren.

Unter anderem können stehende Gewässer, welche durch Staustufen, Schleusen oder Hebewerke von anderen Gewässern, Flüssen oder Flussabschnitten isoliert sind und durch befestigte Uferumrandungen abgegrenzt sind, als Speicherbecken betrieben und über Pumpwerke mit Wasser gespeist werden. Das bedeutet, dass die Übergänge zu einem Fluss oder Kanal mit einer Staustufe begrenzt werden. Diese müssen an ein Speicherbecken angebunden sein und über Wasserstandsregulierungsanlagen (Pumpen und Entlastungsleitungen) verfügen, die von außen mit Wasser versorgt werden können, ohne dass die Funktionen des versorgenden Flusses bzw. Kanals eingeschränkt werden. Analoges gilt für die Abgabe des gespeicherten Wassers. Darüber hinaus muss das hypothetische Speicherbecken einen Mindestpotentialunterschied zu seinem versorgenden System, welches kein isoliertes Speicherbecken sein muss, vorweisen.

Unterschiedliche Pegel an den betrachteten Staustufen ermöglichen zwischen den entstehenden Speicherbecken die Option zur Ein-/und Ausspeicherung potentieller Energie. Eine sogenannte Speicherlamelle bewirkt die Generierung des Speichervolumens im System des Speicherbeckens. Als Speicherpotential der Wasserstraße begrenzt diese Lamelle einerseits das maximal mögliche Einspeisevolumen und gibt andererseits die zulässige Höhendifferenz zwischen dem unteren und oberen Betriebswasserstand an.

Aufgrund der vorgesehenen Nutzung der Bundeswasserstraßen als unkonventionelle Pumpspeicherkraftwerke werden ausschließlich Staustufen betrachtet, an denen bereits Wasserpumpen und/oder Entlastungsanlagen installiert sind. Die existierenden Anlagen weisen Leistungen von wenigen Hundert bis zu 8500 kW auf und befinden sich überwiegend an den künstlichen Kanälen der Bundeswasserstraße. Diese Pumpen werden

[2] Giesecke und Mosonyi (2009).

regulär zur Niveauregulierung genutzt, um die Pegel der Flüsse und Kanäle auf einem individuellen Niveau zu halten. So wird die Schiffbarkeit der Wasserstraßen sichergestellt. Bei einer Gegenüberstellung von zu erwartenden Vorteilen bei einer Umsetzung eines Pumpspeicherwerkes innerhalb der Bundeswasserstraßen, im Vergleich zum Neubau eines konventionellen Pumpspeicherwerks, können folgende Punkte genannt werden:

1. Potentielle Speicherbecken bzw. -systeme existieren bereits und müssen nur umgerüstet werden.
2. Teile der für die Energiewandlung benötigten Anlagen stehen in Form von Wasserpumpen bereits an zahlreichen Staustufen zur Verfügung. Die Netzeinspeisungspunkte in die Mittelspannung sind im Zweifel bereits erschlossen und ausreichend dimensioniert.
3. Zusätzliche negative externe Auswirkungen und Belastungen auf Ökosysteme sind in Bundeswasserstraßen aufgrund der bereits bestehenden Nutzungen nicht so stark wie ein Neubau von Pumpspeichern in bisher nicht vom Menschen genutzten Räumen. Hierzu zählen ebenfalls Belastungen der Anwohner in der unmittelbaren Umgebung des Kanals und/oder der Schleusungs- und Schiffshebeanlage.
4. Die Bundeswasserstraßen in Nord- und Mitteldeutschland besitzen räumliche Nähe zu dezentralen, großtechnischen, volatilen Erzeugern.

Als Nachteil kann genannt werden, dass im Falle einer Umsetzung des Projekts die Energiespeicherung nicht im Aufgabenspektrum der Behörden steht. Die Kernkompetenz besteht in der Infrastrukturbereitstellung, -erhaltung und Versorgung technischer, gewerblicher, landwirtschaftlicher oder hauswirtschaftlicher Anwender mit Betriebswasser. Die Gewährleistung von Sicherheit und Leichtigkeit der Schifffahrt sowie die nachhaltige und energetisch optimierte Bewirtschaftung der Wasserressourcen haben für die zuständigen Behörden höchste Priorität.[3] Zur Sicherstellung des Schiffsverkehrs ist eine umfassende Bewirtschaftung der Bundeswasserstraßen notwendig, da den Kanalsystemen eine natürliche Speisung fehlt. Weiter unterliegt ein erreichter Sollwasserstand permanenten externen Einflüssen, vor allem

- einer natürlichen Versickerung,
- der Wasserentnahme durch Dritte,
- dem natürlichen talwärtigen Abfluss des Wassers,
- schifffahrtsbedingten Schleusungsvorgängen,
- Wettereinflüssen wie Regen, Verdunstung und Überschwemmung sowie
- natürlichen, ungesteuerten Zu- und Abflüssen von Nebensystemen.

Eine energiewirtschaftliche Nutzung muss daher in das bestehende Bewirtschaftungssystem integriert werden. Gleichzeitig sind die Potenziale der Bundeswasserstraßen ungleich verteilt. Darüber hinaus ist anders als in einem abgeschlossenen Pumpspeicherwerk

[3] Friesecke (2009).

mit zwei Speicherbecken die Pendelwassermenge eines Kanalpumpspeichers von der zum benötigten Zeitpunkt zur Verfügung stehenden Lamelle und dem Potentialunterschied abhängig.

2.2 Pumpspeicher im Elbe-Seitenkanal

Die Idee des Kompetenztandems EnERgioN mit Blick auf den Kanalpumpspeicher besteht darin, das Stromnetz mit dem Wasserstraßennetz zu verbinden und in einem ersten Pilotprojekt den Elbe-Seitenkanal und die in ihm integrierten Schleusen bei Uelzen und das Schiffshebewerk Scharnebeck zur Speicherung von Strom zu nutzen. Der Elbe-Seitenkanal ist eine Bundeswasserstraße im Bundesland Niedersachsen. Mit einer Länge von 115,2 km gehört er neben dem östlichen Teil des Mittellandkanales zum Gebiet des Wasser- und Schifffahrtsamtes (WSA) Uelzen (Abb. 2.1). Durch das Doppelsenkrecht-Schiffshebewerk Scharnebeck (siehe Abb. 2.2) und der Schachtschleusengruppe Uelzen (Abb. 2.3) überbrückt der Kanal einen Bruttohöhenunterschied von 61 m (Scharnebeck 38 m, Uelzen 23 m), vom Staubereich der Elbe oberhalb von Geesthacht bis in die Scheitelhaltung des Mittellandkanales nahe Wolfsburg.

Die zur Speicherung benutzten Teilabschnitte des Elbe-Seitenkanals sind in der voranstehenden Karte (Abb. 2.1) mit den Buchstaben (A) bis (C) erläutert und stellen jeweils

Abb. 2.1 Verlauf des Elbe-Seitenkanals inkl. Übersicht der vorhandenen Schleusen und Schiffshebewerke in der untersuchten Region (WSV 2013; sowie FOSSGIS e. V. und openstreetmap.de). Auf OpenStreetMap-Daten basierend © creative commons license (http://creativecommons.org/licenses/by-sa/2.0/)

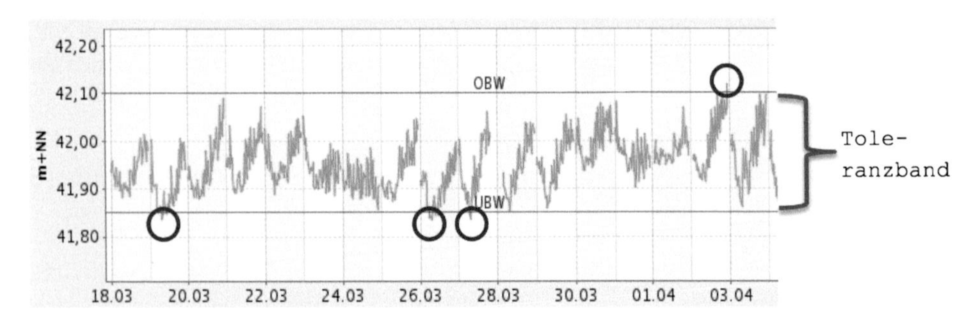

Abb. 2.2 Lamelle Uelzen Unterbecken – Scharnebeck Oberbecken. (Pegelonline 2013)

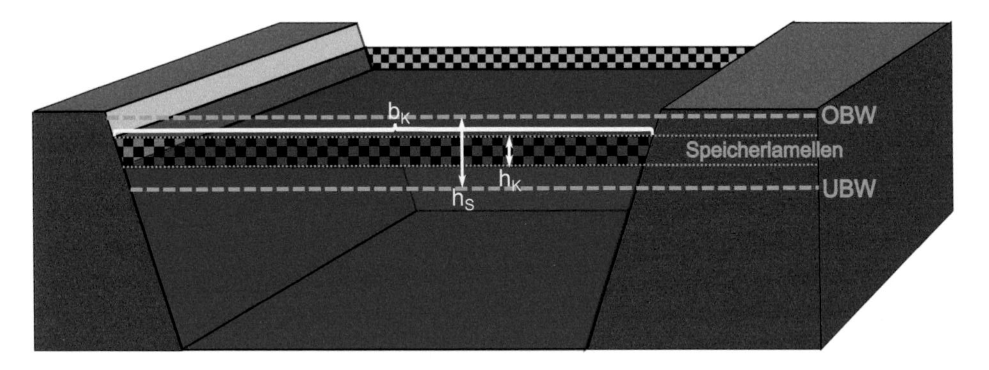

Abb. 2.3 Schematische Darstellung der benutzten Speicherlamelle

das Ober- bzw. Unterbecken der jeweiligen Pump- bzw. für späteren Einbau betrachteten Turbineneinheit dar. Die Bewirtschaftungslamelle der untersuchten Abschnitte beträgt maximal 20 cm bzw. 25 cm. Sie wird im weiteren Verlauf in Zusammenhang mit den aktuellen Gegebenheiten an Hubanlagen Schiffhebewerk Scharnebeck (A) und der Schleuse Uelzen (B) genauer untersucht. In den Tab. 2.1 und 2.2 findet sich eine Zusammenfassung relevanter Daten der untersuchten Hubanlagen.

2.3 Speichervolumina

2.3.1 Speicherlamelle

Die Speicherlamelle wird in ihrer Basis als Toleranzband bzw. Ausgleichslamelle der Schifffahrt verwendet. Notwendig wird diese Bewirtschaftung der Wasserstraßen und Kanäle durch fehlende natürliche Speisungen, die Wasserentnahme Dritter, Wettereinflüsse und Verluste. Die Regulierung des Sollwasserstandes der Becken erfolgt mithilfe von Pumpen (befüllen) und Entlastungsleitungen (entleeren). Die maximale Auslenkung des Wasserspiegels zur Einhaltung des Sollwasserstandes und somit zum gefahrlosen Betrieb

Tab. 2.1 Technische Daten Doppelsenkrechtschiffshebewerk Scharnebeck

Bruttofallhöhe	38 m
Pumpwerk	4 Pumpen
Nennleistung	je 1200 kW
Pumpleistung	je 2,25 m^3/s
Summe	
Nennleistung	4,8 MW
Pumpleistung	9 m^3/s
Hersteller der Pumpen	KSB
Entlastungsmengen	25 m^3/s durch 2 Leitungen
Bisherige Pumpmengen in [1000 m^3]:	
2009	12.353
2010	688
2011	1545
Bisherige Entlastungmengen in [1000 m^3]:	
2009	5969
2010	30.879
2011	843

Tab. 2.2 Schachtschleusengruppe Uelzen (Schleusen I und II)

Bruttofallhöhe	23 m
Pumpwerk	5 Pumpen
Nennleistung	je 1700 kW
Pumpleistung	je 5,6 m^3/s
Summe	
Nennleistung	8,5 MW
Pumpleistung	28 m^3/s
Hersteller der Pumpen	KSB
Entlastungsmengen	15 m^3/s durch 2 Leitungen
Wasserverlust durch Schleusungsvorgang:	
Schleuse I	21.640 m^3
Schleuse II	17.500 m^3
Bisherige Pumpmengen in [1000 m^3]:	
2009	125.891
2010	90.211
2011	130.472
Bisherige Entlastungmengen in [1000 m^3]:	
2009	0
2010	2272
2011	7

des Schiffsverkehrs schwankt zwischen dem oberen Bemessungswasserstand (OBW) und unteren Bemessungswasserstand (UBW).

Die halbautomatische Einhaltung des Sollwasserstandes wird durch die dem jeweiligen Kanal zugehörige Außenstelle der Generaldirektion Wasserstraßen und Schifffahrt (GDWS) gesteuert und kann je nach Beckenlänge und Schwingungszustand nur temporär verzögert stattfinden. Ausbrüche aus den jeweiligen Grenzen, die kurzzeitig zu einer Über- bzw. Unterschreitung des UBW/OBW an den jeweiligen Messpunkten führen, sind die Folge (siehe Abb. 2.2). Die Höhe der Ausgleichslamelle variiert in den Wasserverkehrsstraßen von einigen wenigen Zentimetern bis zu 40 cm. Dies ist abhängig von der geografischen Lage, den Zuflüssen, den existierenden Hubanlagen, dem Frachtaufkommen oder der Aufnahme- bzw. Abgabefähigkeit angrenzender Wassersysteme.

Die getroffenen Annahmen zur Bestimmung der Kapazität der Bundeswasserstraßen beschränken sich auf die Aussage, dass eine Speicherlamelle zur Verfügung stehen muss, die das vorhandene Toleranzband (h_T) vollständig belegt. Die Einführung eines Gesamtoptimierungsprogramms, welches Schiffbarkeit und Energiespeicherung verbindet, ermöglicht die theoretische Anpassung der Speicherlamelle. Vorstellbar sind unter Berücksichtigung von Pegelschwankungen und bisheriger Betriebsweise gemäß Expertenmeinungen aus der WSV Begrenzungen auf 50 % dieser Lamelle (h_S).

Die Speicherlamelle (h_S) dient der Energiespeicherung, wobei die Nebenbedingung „Gewährleistung der Sicherheit und Leichtigkeit des Schiffsverkehres" Vorrang besitzt und bei Bedarf auch die energetische Nutzung dieser Lamelle verhindert. Deshalb kann es zu Einschränkungen kommen, wenn Einspeicherung und Ausspeicherung elektrischer Energie durch den aktuellen Zustand des Beckens (Einspeicherung – Becken maximal befüllt/Ausspeicherung – Becken auf UBW) nicht erlaubt werden.

Die in Abb. 2.3 dargestellte Lamelle zeigt schematisch auf, in welcher Lamellenbreite potentielle Energie ein- und ausgespeichert werden könnte. Sie stellt keine endgültige, ideale Nutzung der zur Verfügung stehenden Wasservolumina dar. Zukünftig erscheint es zweckmäßig die Randbreite der Ausgleichslamelle an eine spätere Simulation anzupassen. Zur dreidimensionalen Bestimmung der Volumina dienen neben der Lamelle, die Beckenbreite (b_K) und Länge des Kanalabschnittes (l_K).

2.3.2 Bundeswasserstraßen

Untersuchungen haben ergeben, dass nicht jeder Kanal gleich gute Voraussetzungen zur Energiespeicherung bietet. Die wichtigsten Eigenschaften für oder gegen die Installation und Nutzung einer Pumpspeichereinheit in Bundeswasserstraßen sind: große Fallhöhen, wenige Hub- oder Schleusenwerke und möglichst große Speicherbecken. Die Analyse verschiedener Wasserstraßen anhand dieser Parameter ermöglichte die Entwicklung einer schematischen Übersicht zu möglichen Beckennutzungen. Abbildung 2.4 zeigt den Mittellandkanal (MLK) (Scheitelhaltung) als zentrales Oberbecken und erläutert die potentiellen Energien, die jeweils zur Verfügung stehen. Der Kanal gliedert sich direkt in

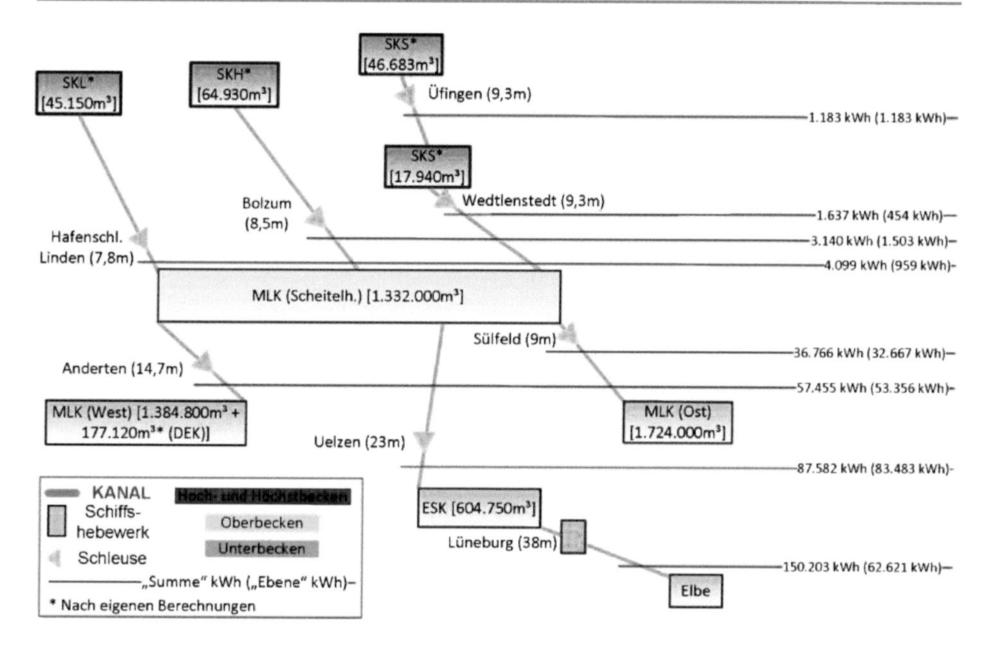

Abb. 2.4 Pumpspeicherverbund des Mittellandkanals (Scheitelhaltung) über mehrere Potentialebenen. *SKL* Stichkanal Hannover/Linden, *DEK* Dortmund-Ems-Kanal, *SKH* Stichkanal Hildesheim, *MLK* Mittellandkanal, *SKS* Stichkanal Salzgitter, *ESK* Elbe-Seitenkanal

mehrere potenziell interessante Staustufen sowie den Elbe-Seitenkanal. Somit ist es in der Lage, drei verbundene Unterbecken zu bedienen.

Die Abbildung verdeutlicht die Flexibilität des Pumpspeicherkraftwerks in Bundeswasserstraßen. Je nach Verfügbarkeit und Energiebedarf können verschiedene Beckensysteme genutzt oder gepoolt eingesetzt werden. Gleichfalls lohnt sich eine kurze, ökonomische Untersuchung der Ausbaumöglichkeiten im Pumpspeicherverbund. Für die Investitionen und deren Kosten zur Umrüstung der Anlagen zeigt die Grafik einen entscheidenden Vorteil der Bundeswasserstraßen. Es ist keineswegs notwendig, im ersten Finanzierungsschritt sämtliche Umbaukosten des Gesamtsystems zu tragen – ein relevanter Unterschied zu einem herkömmlichen Pumpspeicherkraftwerk. Vielmehr besteht die Option, je nach Kapitalverfügbarkeit, modular Unterbecken oder Hoch- und Höchstbecken zu implementieren. Auf der Erlösseite ist es für eine Nutzung des Gesamtsystems denkbar, mit den Einzelanlagen in verschiedenen Wirtschaftsbereichen zu agieren. Die relativ geringen erzielbaren Leistungen der betrachteten Hochbecken (SKS, SKH und SKL) könnten z. B. im außerbörslichen Handel (Over-The-Counter, OTC) vermarktet werden. Hingegen sollten die hohen erzielbaren Leistungen der Unterbecken Elbe-Seitenkanal bzw. Elbe über die Staustufen Uelzen und Lüneburg z. B. am Regelleistungsmarkt oder Spotmarkt angeboten werden, eine detailliertere Betrachtung wird hierüber Auskunft geben. Vorstellbar ist weiterhin auch eine an eine Gesamtsimulation der Bundeswasserstraßen gebundene Gesamtvermarktung, um sowohl Speicherhaltung als auch Schifffahrt und Wirtschaftlichkeit zu optimieren. Im Rahmen des EnERgioN Projektes wurde jedoch zunächst nur der Elbe-Seitenkanal näher betrachtet.

2.3.3 Elbe-Seitenkanal

Im Folgenden (siehe Tab. 2.3) werden die zur Verfügung stehenden Wassermengen erläutert. Die in Abb. 2.1 dargestellten Abschnitte des Elbe-Seitenkanals werden hierfür unterteilt:

(A) Unterbecken Scharnebeck: ESK – Elbe,
(B) Mittelbecken Scharnebeck/Uelzen: ESK,
(C) Oberbecken Uelzen: Übergang ESK – MLK.

Der Abschnitt (A) ist, bedingt durch die Anbindung an die Elbe, nicht als einzelnes Becken zu betrachten. Die Elbe besitzt durch ihr zur Verfügung stehendes Gesamtvolumen voraussichtlich ausreichend Pendelwassermenge. Neben der im Elbe-Seitenkanal zur Verfügung stehenden Wassermenge muss im Oberbecken Uelzen (C) auch der Mittellandkanal als angrenzende Wasserstraße betrachtet werden. Die in Tab. 2.4 angeführten Speichervolumina verdeutlichen eine Erweiterung der potentiellen Speicherfähigkeit um 55 % bezogen auf die maximale Gesamtspeichermenge des Elbe-Seitenkanals.

Diese Wassermengen befinden sich geografisch gesehen zwischen der Schleuse Sülfeld und der Schleuse Anderten (siehe Karte, Abb. 2.1 oben). Insgesamt stehen die in Tab. 2.5 aufgelisteten Gesamtspeichervolumina, differenziert in die jeweiligen Lamellenhöhen, zur Verfügung.

Tab. 2.3 Theoretische Speichervolumina im Elbe-Seitenkanal

Speichervolumina [nur Elbe-Seitenkanal]				
	[Einheit]	(A)	(B)	(C)
Breite	[m]	53		
Nutzbare Länge ESK	[km]	Elbe	45,272	60,615
Nutzbare Lamelle ESK	[cm]		25	20
Volumina Lamelle (5 cm)	[m³]		119.970,80	160.629,75
Volumina Lamelle (10 cm)	[m³]		239.941,60	321.259,50
Volumina Lamelle (15 cm)	[m³]		359.912,40	481.889,25
Volumina Lamelle (20 cm)	[m³]		479.883,20	642.519,00
Volumina Lamelle (25 cm)	[m³]		599.854,00	– [a]

[a] Im Oberbecken beträgt die Bewirtschaftungslamelle 20 cm.

Tab. 2.4 Darstellung der im MLK zur Verfügung stehenden Speichervolumina

Zusätzliche Volumina Oberbecken – MLK		
Breite (43–55 m)	[m]	55
Nutzbare Länge MLK	[km]	62,69
Nutzbare Lamelle MLK	[cm]	20
Volumina Lamelle (5 cm)	[m^3]	172.397,50
Volumina Lamelle (10 cm)	[m^3]	344.795,00
Volumina Lamelle (15 cm)	[m^3]	517.192,50
Volumina Lamelle (20 cm)	[m^3]	689.590,00

Tab. 2.5 Darstellung der gesamten zur Verfügung stehenden Speichervolumina

Speichervolumina Gesamt				
		(B)	(C)	Summe
Volumina Lamelle (5 cm)	[m^3]	119.970,80	333.027,25	452.998,05
Volumina Lamelle (10 cm)	[m^3]	239.941,60	666.054,50	905.996,10
Volumina Lamelle (15 cm)	[m^3]	359.912,40	999.081,75	1.358.994,15
Volumina Lamelle (20 cm)	[m^3]	479.883,20	1.332.109,00	1.811.992,20
Volumina Lamelle (25 cm)	[m^3]	599.854,00	1.332.109,00	1.931.963,00

Diese zur Verfügung stehenden Speichermengen wurden gleichfalls mit einer weiteren Berechnungsmethode gegengeprüft und bestätigt.[4]

2.4 Umsetzungsvarianten im Elbe-Seitenkanal

2.4.1 Darstellung des Leitungs- und Anlagenbestandes

2.4.1.1 Schiffshebewerk Scharnebeck

Das Schiffshebewerk Scharnebeck bietet mit seiner Nutzfallhöhe von 38 m und der maximalen Pendelwassermenge von knapp 600.000 m^3 die Möglichkeit, höhere Turbinenleistungen als die Schleuse Uelzen zu erzielen. Neben dem bestehenden Schiffshebewerk und dem Rohrsystem befindet sich auch ein Pumpwerk/Krafthaus auf dem Gelände des WSA Uelzen.

Das Leitungssystem, welches vom Oberwasser nach dem Einlaufbauwerk in eine Rohrleitung mit einem Durchmesser von DN 2500[5] mündet, verzweigt sich im hinteren Teil in die Leitungsabgänge des Pumpwerkes/Krafthauses (siehe Abb. 2.5). Dabei verkleinert sich die Leitung auf DN 1800 und zweigt abschließend in vier Pumpzuleitungen DN 800 (in Abb. 2.7 mit A gekennzeichnet) und zwei oberhalb des Wasserspiegels befindliche

[4] Koch (2012).

[5] DN = Diameter Nominal (Nennweite); DN 2500 = Innendurchmesser von 2500 cm (siehe DIN EN ISO 6708).

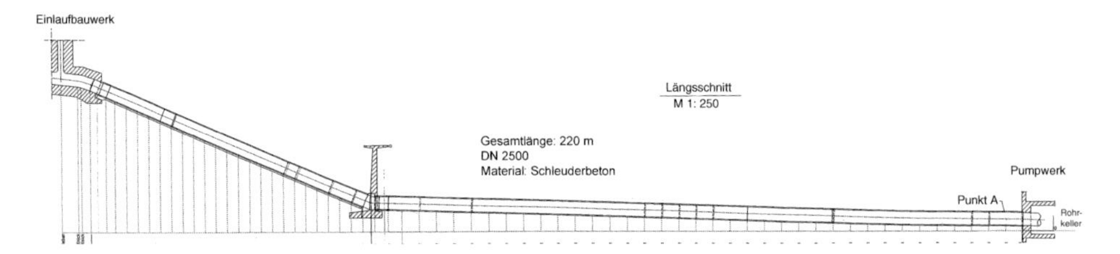

Abb. 2.5 Rohrsystem Schiffshebewerk Scharnebeck. (WSA Uelzen)

Entlastungsleitungen DN 1000 (in Abb. 2.7 mit B gekennzeichnet) ab. Eine schematische Darstellung (Abb. 2.6) verdeutlicht das bestehende Rohrsystem.

Diese in Abb. 2.7 dargestellten Rohrleitungen stellen das Grundgerüst einer Umrüstung dar, z. B. auf Pumpturbinen (A) oder Turbinen in den Entlastungsleitungen (B). Ihre Leitungsdurchmesser und die durch sie strömenden Wassermengen bestimmen u. a. die Leistungsausbeute und den Wirkungsgrad der Erzeugungsanlagen.

Die Pendelwassermengen werden primär aus zwei, durch ein durchbrochenes Leitwerk mit dem Kanal verbundenen, Entlastungsbecken generiert. Diese Absorptionsbecken besitzen ausreichend Durchfluss der Wasseraufnahme-/Abgabevolumina des Kanals, um eine mögliche Anlage dauerhaft zu speisen.[6] Weiterhin verringern sie die Wellenerzeu-

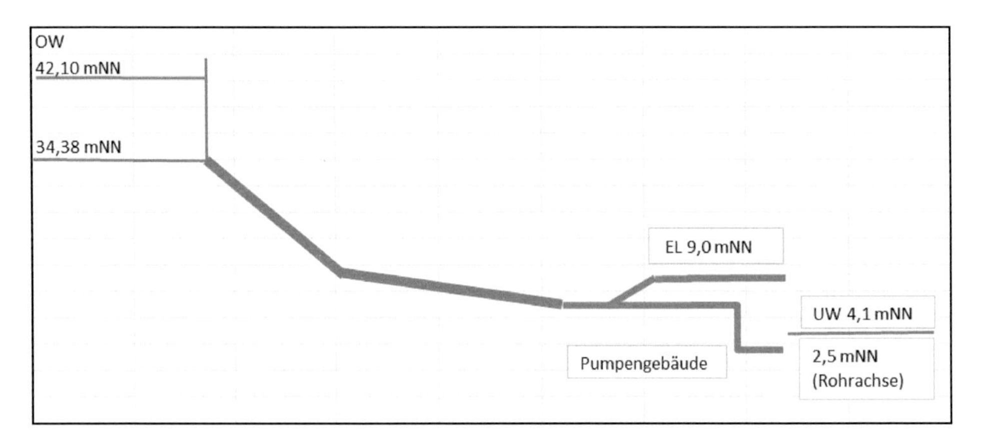

Abb. 2.6 Schematische Darstellung des Rohrbestandes Scharnebeck

[6] Zur Berechnung innerhalb des untersuchten Systems, wurden folgende Annahmen getroffen:
Fließgeschwindigkeit v in der Rohrleitung DN 2500: $v = 2{,}0$ m/s,
Rauigkeitsbeiwert k in allen Rohrleitungen: $k = 1{,}5$ mm,
Dynamische Viskosität von Wasser (bei 10 °C): $\nu = 1{,}31 \times 10^{-6}$ m²/s.
Aus: Schneider (2014).

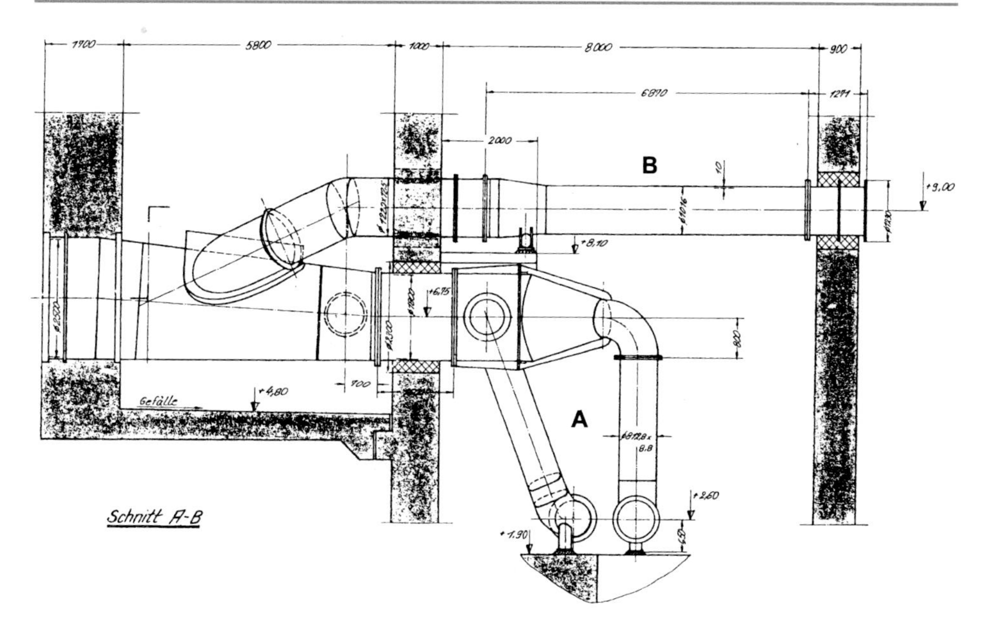

Abb. 2.7 Pumpwerk/Krafthaus Schiffshebewerk Scharnebeck. (WSA Uelzen)

gung innerhalb des Kanals um das Vielfache und ermöglichen so auch die Einleitung und Entnahme deutlich größerer Wassermengen aus ihnen.[7]

2.4.1.2 Schleuse Uelzen

Die Schachtschleuse Uelzen, bestehend aus der Schleuse Uelzen I (Streckenkilometer 60,62) sowie der 2006 für die Schifffahrt freigegebenen Schleuse II, überwindet als Sparschachtschleuse einen Höhenunterschied von 23 m. In ihrer Bauform als Sparschleuse mit angrenzenden (Schleuse I) oder integrierten, vertikal übereinander angeordneten (Schleuse II) Sparbecken kann ein Großteil der Wassermengen für den nächsten Schleusungsvorgang wiederverwendet werden (bis zu 70 %). Die zur Verfügung stehenden maximalen Wassermengen von knapp 600.000 m^3 im Unterbecken (B) und ca. 1.300.000 m^3 im Oberbecken (C) werden dabei in der kompletten Betrachtung wie gewöhnliche Pumpspeicherbecken behandelt. Bei einer Konkretisierung des Projektes ist eine vollständige Simulation aller Zu-/Abläufe, Verluste (natürliche und durch Schleusungs- und Schiffshebevorgänge hervorgerufene) sowie sonstiger Entnahmen sinnvoll. Dies gilt auch für die Optimierung der beiden Anlagen Uelzen und Scharnebeck bezüglich eines gruppierten Speicherns oder Kettenspeicherns.

Äquivalent zum Schiffshebewerk, befinden sich auf dem Gelände der Schleuse Uelzen ebenfalls ein Pumpwerk, Entlastungsbecken und ein dazugehöriges Rohrsystem (siehe Abb. 2.8). Beginnend im Oberwasser geht nach dem Einlaufbauwerk eine Rohrleitung,

[7] Koch (2012).

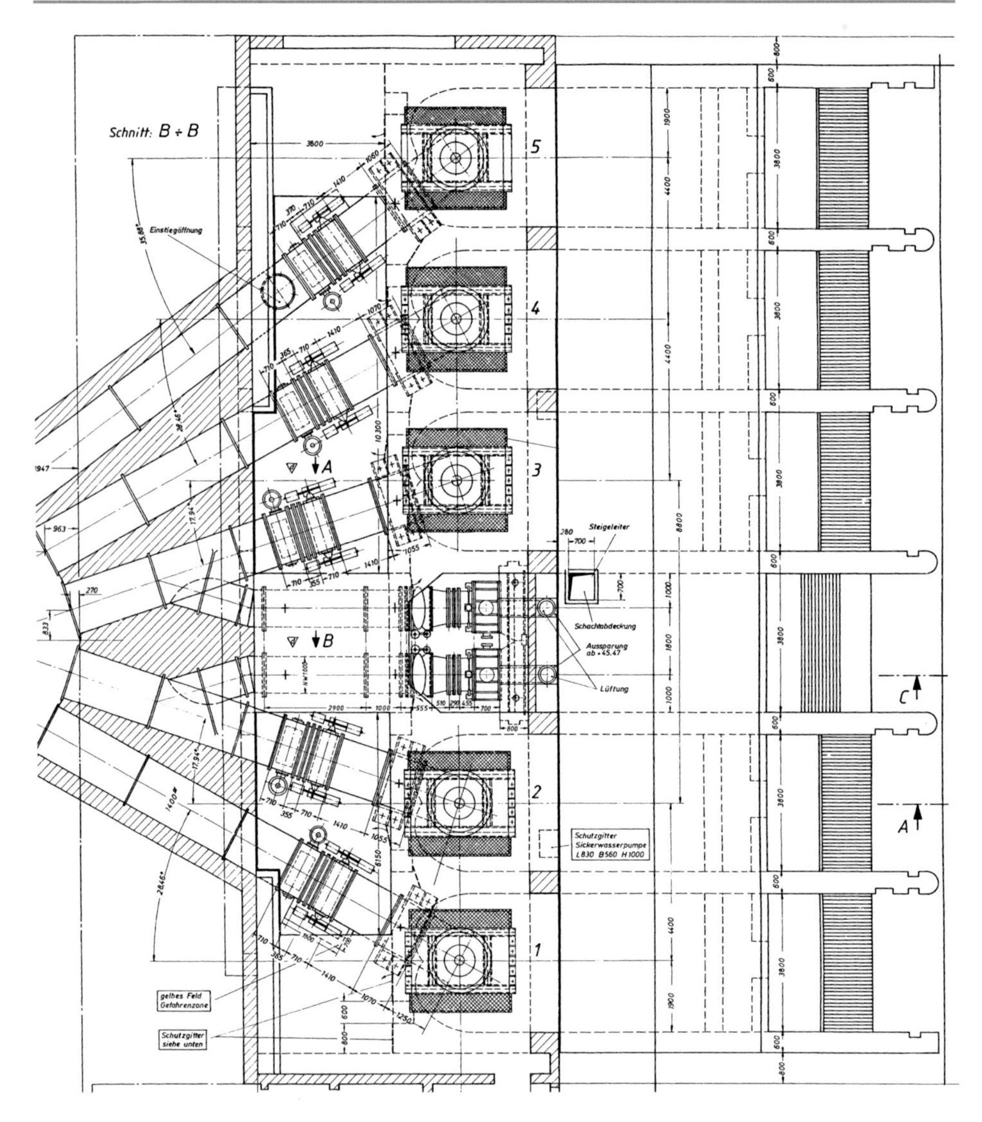

Abb. 2.8 Draufsicht des Pumpenraumes – bestehend aus 5 Pumpzuleitungen und 2 Entlastungsleitungen. (WSA Uelzen)

DN 3000 aus Schleudermuffenbeton, ab in das Auslaufbauwerk (Krafthaus). Dabei verändert sich der runde Querschnitt in einen rechteckigen und teilt sich von dort aus in fünf Rohrleitungen DN 1400 sowie zwei Entlastungsleitungen DN 1000 auf.

Die bisherigen technischen Ausstattungen und Informationen sind in Tab. 2.6 dargestellt. Die im weiteren Verlauf betrachteten Umbauvarianten je geplantem Pumpspeicherwerk Scharnebeck bzw. Uelzen unterscheiden sich u. a. in den Zu- und Ableitungen des

Tab. 2.6 Fakten der Stauanlagen

Kriterium	Einheit	Schiffshebewerk Scharnebeck	Schleuse Uelzen
Pumpen			
Pumpentypen		Schraubenradpumpe	Rohrschraubenpumpe
Anzahl der Pumpen		4	5
Nennleistung / Pumpe	[kW]	1200,00	1700,00
Nennleistung gesamt	[kW]	4800,00	8500,00
Pumpleistung / Pumpe	[m^3/s]	2,25	5,60
Pumpleistung gesamt	[m^3/s]	9,00	28,00
Pumpvolumen nach 01:00 h	[m^3]	32.400,00	100.800,00
Bruttofallhöhe	[m]	38,00	23,00
Entlastungsanlagen			
Durchmesser Hauptleitung	[m]	2,50	3,00
Anzahl Entlastungsleitungen		2	2
Durchfluss gesamt	[m^3/s]	25,00	15,00
Durchfluss / h	[m^3/h]	90.000,00	54.000,00

Wasserstromes, der Pumpen- und Turbinenkonstellation, der Einbaugestaltung und den Betriebsmodifikationen.

2.4.2 Beschreibung der einzelnen Umsetzungsvarianten

Aus technischer Betrachtungsweise bestehen unterschiedliche Varianten, wie zwei Pumpspeicherkraftwerke in den Elbe-Seitenkanal integriert werden können. Oberstes Kriterium ist, dass der Kanal weiterhin bezüglich seiner Wasserstände reguliert werden kann, gleich ob die Pumpen zu Pumpturbinen umgebaut oder neue Pumpturbinen angeschafft werden. Die üblicherweise benötigten Einzelkomponenten eines Pumpspeicherwerkes (zwei Speicherbecken, Druckrohrleitungen und Maschinensätze) sind größtenteils schon vorhanden, weswegen sich mögliche Umbauvarianten grundsätzlich nur in den Zu- und Ableitungen bzw. hinsichtlich der Pumpen- und Turbinenkonstellation, der Einbaumöglichkeiten und den Neubauvarianten unterscheiden. Um optimale Lösungen für das Schiffshebewerk Scharnebeck als auch die Schleuse Uelzen zu erhalten, wurden beide Einheiten als Einzelsysteme betrachtet und alle Varianten je System berechnet. Jede neue Einzeleinheit der betrachteten Umbauvarianten wird wirkungsgradoptimiert und nicht leistungsoptimiert in das Gesamtsystem eingebunden. Dies soll eine nachfolgende Vergleichbarkeit zu anderen Pumpspeicherwerken ermöglichen und einen Parameter für die positive wirtschaftliche Teilnahme an den Energiemärkten verdeutlichen. Aus diesem Grund können die gegebenen Leistungsangaben zukünftig durchaus weiter ansteigen. Die ermittelten Betriebszeiten ergeben sich aus den Durchflüssen und den durchschnittlich zur Verfügung stehenden Speichervolumina, die bei einem Turbinenvorgang zu 100 % wieder aufgefüllt werden müssten. Die einzelnen Umbauvarianten werden im Folgenden näher beschrieben.

2.4.2.1 Variante 1: Umbau der bestehenden Pumpeneinheiten zu einer Pumpturbinenkombination

Diese Variante zeichnet sich durch kleinstmögliche technische Veränderungen aus. Alle Pumpen werden neben dem Pumpenbetrieb auch für den Turbinenbetrieb umgebaut. Das Wasser fließt dann, wie in der nebenstehenden Skizze (siehe Abb. 2.9) aufgeführt, über die DN 800er Leitung ab und wird in fünf bzw. vier umgebaute Pumpturbinen turbiniert.

Die vorhandenen Entlastungsleitungen werden in dieser Variante nicht näher betrachtet. In Tab. 2.7 werden dabei technisch relevante Aspekte (je Lade-/Entladezyklus, welcher 6 h überdauert) dieser Variante zusammengefasst.

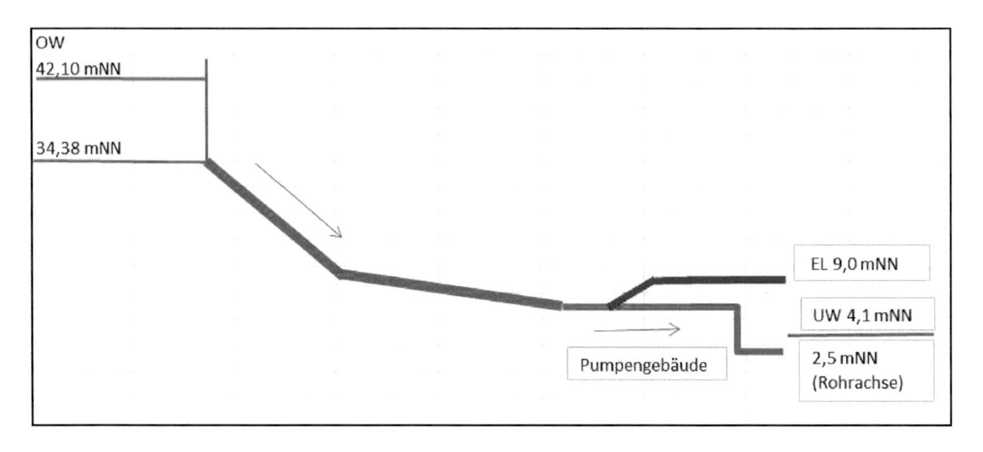

Abb. 2.9 Schematische Darstellung der für Variante 1 verwendeten Rohrsysteme (*blau*)

Tab. 2.7 Technische Ausgangswerte der Variante 1

Ausgangswerte	Uelzen	Scharnebeck
Pumpenbetrieb		
Einheiten	5	4
Durchfluss je Einheit	5,6 m^3/s	2,25 m^3/s
Leistung je Einheit	1700 kW	1200 kW
Maximale Leistung	8500 kW	4800 kW
Betriebszeit je Zyklus	3,43 h	6,00 h
Potentielle Energieaufnahme	29,14 MWh	28,80 MWh
Turbinenbetrieb		
Einheiten	5	4
Durchfluss je Einheit	3,2 m^3/s	2,5 m^3/s
Leistung je Einheit	563 kW	695 kW
Maximale Leistung	2815 kW	2780 kW
Betriebszeit je Zyklus	6,00 h	5,40 h
Potentielle Energieabgabe	16,89 MWh	15,01 MWh

Die in dieser Umbauvariante erzielbaren Leistungen je Einheit lassen sich durch grundsätzliche hydromechanische Ermittlungsverfahren mit einiger Abweichung errechnen. Inwieweit diese Leistungsdaten den endgültigen Nennleistungen der entstehenden Pump-/Turbineneinheiten entsprechen, kann ohne eine fachgerechte Analyse und Zerlegung der bestehenden Pumpen nicht geklärt werden. Der im Vergleich zu einem bestehenden Pumpspeicherwerk verhältnismäßig niedrige Gesamtsystemwirkungsgrad von 57,96 % (Uelzen) bzw. 52,13 % (Scharnebeck) resultiert nach ersten Berechnungen aus nicht optimal konstruierten Rohrsystemen, den Installationspunkten der PaT (Pumpe als Turbine)-Einheiten und den Wirkungsgraden der bestehenden Pumpen. Sollten alle Pumpen in der Schleuse Uelzen zur Einspeicherung von Energie genutzt werden, kann eine Last von 13,3 MWh zur Verfügung gestellt werden. Diese Größeneinheit stellt im späteren Verlauf des Berichtes eine bedeutende wirtschaftliche Einnahmequelle am Spot- und insbesondere Regelenergiemarkt dar (siehe Kap. 5).

2.4.2.2 Variante 2: Einbau von Turbinen in die vorhandenen Entlastungleitungen

Die Hochwasserentlastungsleitungen, über welche neben den Pumpen die bestehenden Kanalvolumina geregelt werden, können bei geringer technischer Umrüstung als Zuleitung zur Turbineneinheit dienen (siehe Abb. 2.10). In dieser Variante bleiben die Pumpen unverändert.

Da eine dauerhafte Funktionsfähigkeit der Entlastungseinheit gewährleistet werden muss, besteht die Möglichkeit, einen Bypass neben der Entlastungsleitung einzurichten, durch den die Entlastungswassermenge, bei Ausfall des Maschinensatzes, garantiert werden kann (siehe Tab. 2.8). Daneben bietet diese Variante die Option, einen hydraulischen Kurzschluss zum dauerhaften Betrieb der Anlage zu realisieren, da Pumpen und Turbinen getrennt voneinander agieren (siehe Variante 8). Zur Installation eines hydraulischen Kurzschlusses werden weitere Umbaumaßnahmen, wie ein Druckschloss, nötig. Darüber

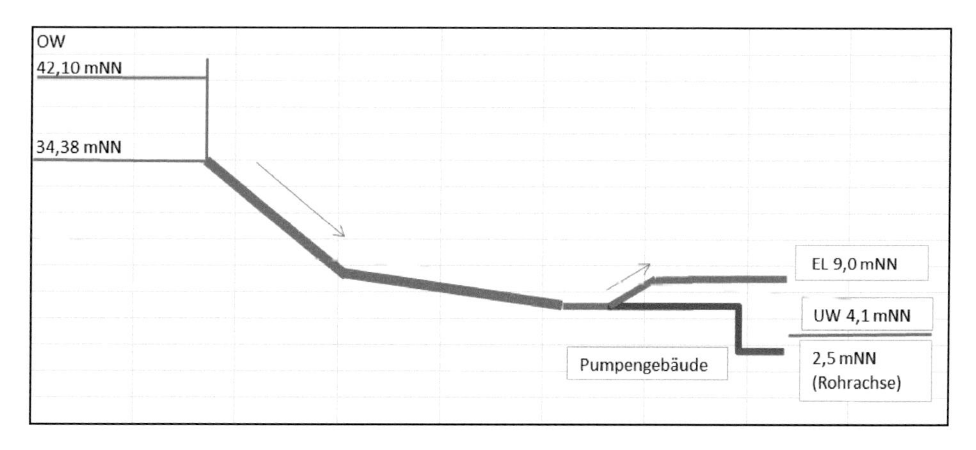

Abb. 2.10 Schematische Darstellung der für Variante 2 verwendeten Rohrsysteme (*blau*)

Tab. 2.8 Technische Ausgangswerte der Variante 2

Ausgangswerte	Uelzen	Scharnebeck
Pumpenbetrieb		
Einheiten	5	4
Durchfluss je Einheit	5,6 m³/s	2,25 m³/s
Leistung je Einheit	1700 kW	1200 kW
Maximale Leistung	8500 kW	4800 kW
Betriebszeit je Zyklus	3,43 h	6,00 h
Potentielle Energieaufnahme	29,14 MWh	28,80 MWh
Turbinenbetrieb		
Einheiten	2	2
Durchfluss je Einheit	8 m³/s	5 m³/s
Leistung je Einheit	1408 kW	1326 kW
Maximale Leistung	2816 kW	2652 kW
Betriebszeit je Zyklus	6,00 h	5,40 h
Potentielle Energieabgabe	16,90 MWh	14,32 MWh

hinaus ist es denkbar, gegen einen hydraulischen Nullpunkt zu arbeiten und somit nur Wasser aus dem Unterbecken für ein schnelles Anfahren zur Hilfe zu nehmen.

2.4.2.2.1 Uelzen

Die in der Schachtschleuseneinheit Uelzen favorisierte Turbine Typ Francis-Spiralturbine mit Francis-Laufrad, Laufraddurchmesser ~ 1173 mm, Leitradschaufeln mittels Hydraulikzylinder regulierbar soll komplett mit Anschlussflansch, Saugrohr und direktem Generatorantrieb konstruiert werden.

Ein garantierter Leistungsbereich erstreckt sich in dieser Konfiguration von voller Beaufschlagung bis zu 20 % Q, d. h. ein kleinster Wasserstrom von 2400 l/s kann noch mit ausreichendem Wirkungsgrad in Erzeugungsleistung umgewandelt werden.

Turbinen-Nennleistung bei: $Q = 8\ \text{m}^3/\text{s} \rightarrow P_T = 1408\ \text{kW}$
Turbinendrehzahl: $n_1 = 375\ \text{min}^{-1}$
Durchgangsdrehzahl: $n_D = 694\ \text{min}^{-1}$
zulässige Saughöhe: $h_s = +3{,}0\ \text{m}$

2.4.2.2.2 Scharnebeck

Die in Scharnebeck favorisierte Saugrohrturbine kann mit Synchron- und Asynchron-Anlagen betrieben werden und besitzt eine breite Einsatz- und Nutzungsfläche, die eine Vollautomatisierung durch entsprechende Regeleinheiten gestattet.

Sollte es die Wasserführung erfordern, beispielsweise innerhalb einer Niedrigwasserzeit oder aufgrund nur geringer Öffnung des Kegelstrahlschiebers, wird die Turbine mehrzellig gebaut. (siehe Abb. 2.11). Die normale Unterteilung beträgt dabei 1 : 2, wobei die

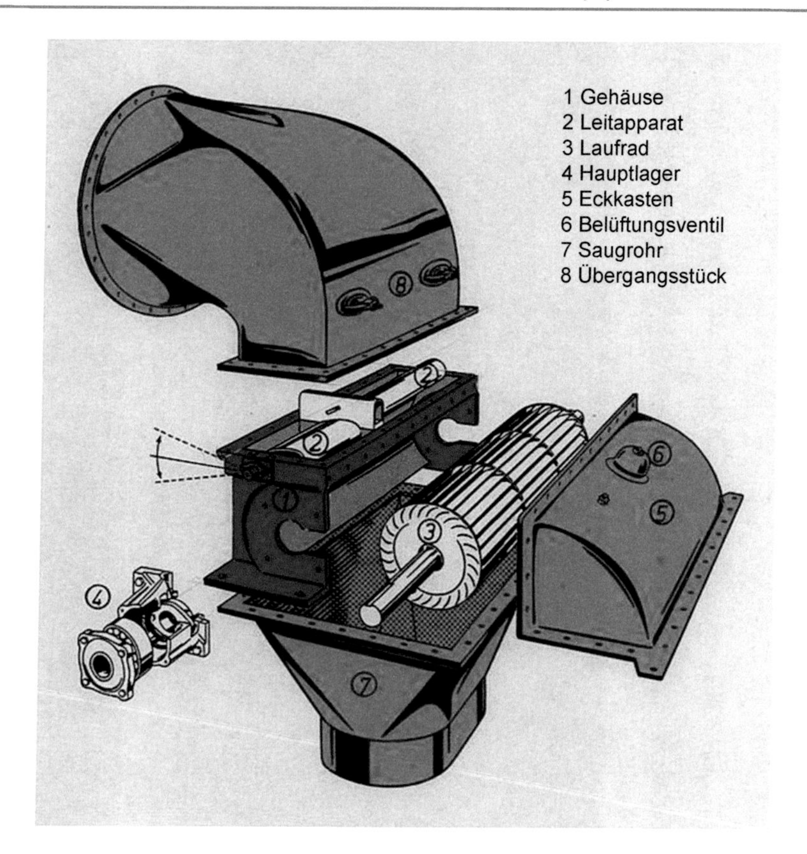

Abb. 2.11 Darstellung einer steuerbaren Saugrohr-Durchströmturbine. (Ghosh und Prelas 2011, S. 176)

kleine Zelle kleine und die große Zelle mittlere Wasserströme nutzt. Beide Zellen gemeinsam nutzen den vollen Wasserstrom. Durch diese Aufteilung wird jede Wassermenge von 1/6 bis 1/1 Beaufschlagung mit optimalem Wirkungsgrad verarbeitet. Der garantierte Leistungsbereich erstreckt sich von voller Beaufschlagung bis 17 % Q, d. h. ein kleinster Wasserstrom von 850 l/s kann noch mit gutem Wirkungsgrad umgesetzt werden.

Neben der Saugrohrturbine wurden weitere Turbinen unterschiedlicher Hersteller analysiert. Unter anderem stellte ein Anbieter zwei Francis-Spiralturbinen als Einsatzvarianten vor, welche neben ihrer höheren Turbinenleistung von 1445 kW auch höhere Investitionskosten verursachten. Bei einer Optimierung der Einzelanlage hin zur maximalen Leistungserzeugung würde diese Turbine stärker in den Vordergrund rücken.

2.4.2.3 Variante 3: Kombination von Variante 1 und Variante 2

Diese Umbauoption ist eine Verknüpfung der bisher betrachteten Möglichkeiten. Neben dem Umbau der bestehenden Pumpen zu Turbinen sollen gleichzeitig Turbinen in die Hochwasserentlastungsleitungen integriert werden. Durch die unterschiedlichen Anlauf-

Tab. 2.9 Technische Ausgangswerte der Variante 3

Ausgangswerte	Uelzen	Scharnebeck
Pumpenbetrieb		
Einheiten	5	4
Durchfluss je Einheit	5,6 m^3/s	2,25 m^3/s
Leistung je Einheit	1700 kW	1200 kW
Maximale Leistung	8500 kW	4800 kW
Betriebszeit je Zyklus	3,43 h	6,00 h
Potentielle Energieaufnahme	29,15 MWh	28,80 MWh
Turbinenbetrieb		
Einheiten	7	6
Durchfluss je Einheit	2,28 m^3/s	1,66 m^3/s
Leistung je Einheit	335 kW	400 kW
Maximale Leistung	2346 kW	2400 kW
Betriebszeit je Zyklus	6,00 h	5,42 h
Potentielle Energieabgabe	14,08 MWh	13,01 MWh

zeiten der Turbineneinheiten kann eine schnelle Umwandlung von elektrischer Energie ermöglicht werden, um z. B. die bestehenden Spreads auf dem Spotmarkt effektiver nutzen zu können. Gleichzeitig sollten der Einzeldurchfluss und die von den Einzelanlagen produzierte elektrische Energie sinken. Diese Variante ist allein auf die Maximierung der produzierbaren Leistung innerhalb der bestehenden Anlage ausgelegt (siehe Tab. 2.9). Eine Wirkungsgradoptimierung der zu installierenden Systeme wird hingegen weiterhin angestrebt.

Der geringe Durchfluss ermöglicht keiner der eingebauten Einheiten annährend am Wirkungsgradoptimum zu arbeiten. Weiterhin fallen die erzielbaren Leistungen, trotz dreifacher Einheitenanzahl, kleiner aus als in Variante 2. Somit ist diese Variante aufgrund ihrer Erzeugungsleistung, des Durchflusses innerhalb der Einzelelemente und der umzubauenden Einheitenanzahl an diesem Punkt als unbrauchbar zu betrachten. Die hohen Investitionskosten bestätigen die getroffene Annahme, sodass die Variante bei den weiteren Untersuchungen keine relevante Rolle spielt.

2.4.2.4 Variante 4: Neubau der bestehenden Entlastungsleitungen

Ein grundsätzlicher Neubau der bestehenden Entlastungsleitung zur Optimierung der Reibungseigenschaften, mit einer Erweiterung des Querschnitts zur optimalen Dimensionierung der verwendeten Turbinen, ist Hintergrund dieser Umbauvariante. Die bestehenden Entlastungsleitungen haben aufgrund ihrer – im energetischen Sinne – ineffizienten Einbauhöhe als auch Bauform nicht die optimalen Eigenschaften zur Erzielung höchstmöglicher Erzeugungsleistungen. Inwieweit diese Druckrohrleitungen vom Einlaufbauwerk bis zur Pumpstation erneuert werden oder direkt am bestehenden Hauptrohr angreifen, muss im Weiteren untersucht werden. Wie sich nach diesem Umbau die Leistungsabgaben und

Wirkungsgrade der installierten Turbinen ändern, kann vorerst nur teilweise errechnet und aufgrund bisheriger Erfahrungen geschätzt werden.

- Erwartet werden kann unter den gegebenen Randbedingungen jedoch Folgendes: Eine deutlich größere Hauptleitung > DN 3000 (Material: glasfaserverstärkter Kunststoff) speist direkt in eine, mit hydraulischen Öffnungs- und Schließmechanismus versehene, Entlastungsleitung ein.
- Die bestehenden Zuleitungen zu den Pumpen werden weiterhin verwendet und an das System angepasst.
- Innerhalb dieser Entlastungsleitung befindet sich eine Turbine.
- Die dabei ermöglichte Leistung
  Uelzen: > 3400 kW ($Q = 18\,m^3/s$)
  Scharnebeck: > 3500 kW ($Q = 12\,m^3/s$)
  würde realisiert durch eine erhöhten Durchfluss und geringere Nettofallhöhen, aufgrund niedrigerer Wirkungsgradverluste.

Es ist davon auszugehen, dass ein Neubau der Entlastungsleitung neben der damit verbundenen langfristigen Sperrung der Schleuse aufgrund bautechnischer Maßnahmen auch eine Anpassung der bisher installierten Pumpen nach sich zieht. Welche Folgekosten diese Maßnahmen verursachen, konnte aufgrund des planerischen Umfangs nicht abschließend ermittelt werden.

2.4.2.5 Variante 5: Errichtung von Zusatzleitungen außerhalb der Schleuse bzw. des Schiffshebewerkes

Eine externe Umrüstungsvariante zur Erzielung maximaler Leistung in kürzester Zeit stellt Variante 5 dar. In dieser wird allein für das Schiffshebewerk Scharnebeck der Neubau von drei Rohrleitungen rechtsseitig des Schiffshebewerkes angestrebt. Eine komplette Errichtung neuer Leitungen außerhalb der bestehenden Einlaufwerke, inklusive der Installation von Turbinen, stellt bautechnisch auch die größte äußere Einflussnahme dar. Die bestehende Rohrleitung wird dabei weiterhin zur Sicherung des Förderns von Wasser aus der unteren Haltung in das Oberbecken genutzt. Die vorhandene Entlastungsleitung bleibt für Ausfälle der neuen Rohrsysteme bestehen. In der Abb. 2.12 wird die vorgestellte Option (Details siehe Tab. 2.10) veranschaulicht.

Die hellblauen Linien kennzeichnen den Verlauf der Rohrleitungen und das orangene Rechteck symbolisiert den Stellplatz des Turbinenhauses. Die Wasserentnahme aus dem Oberbecken kann aus Sicherheitsgründen nicht direkt unterhalb der Wasseroberfläche am Kanal angreifen, sondern muss mittels Heberleitungen realisiert werden. Dieses Hebersystem (siehe Abb. 2.13) greift am oberen Kanalbecken an und mündet direkt in das untere Auslaufbauwerk.

Der Konstruktionsweg ermöglicht es die Fallhöhe direkt auszunutzen, um die Verluste der Rohrreibungen gering zu halten. Nach dem Turbiniervorgang fließt das Wasser in geringem Gefälle in das Unterbecken ab und ermöglicht so die optimale Ausnutzung und

Abb. 2.12 Darstellung des Errichtungsortes eines Pumpenhauses (*orange*) und Entlastungsleitungen (*blau*)

Tab. 2.10 Technische Ausgangswerte der Variante 5

Ausgangswerte	Scharnebeck
Pumpenbetrieb	
Einheiten	4
Durchfluss je Einheit	2,25 m^3/s
Leistung je Einheit	1200 kW
Maximale Leistung	4800 kW
Betriebszeit je Zyklus	6,00 h
Potentielle Energieaufnahme	28,80 MWh
Turbinenbetrieb	
Einheiten	3
Durchfluss je Einheit	10 m^3/s
Leitungsdurchmesser	DN 2500
Leistung je Einheit	3135 kW
Maximale Leistung	9045 kW
Betriebszeit je Zyklus	1,80 h
Potentielle Energieabgabe	16,93 MWh
$\text{Wirkungsgrad}_{\text{Turbine}}$	0,94 (Annahme)

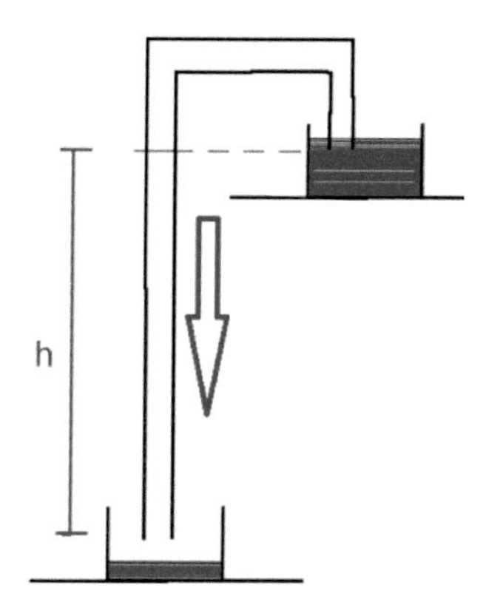

Abb. 2.13 Funktionsprinzip eines Hebers

geringere Verlusthöhen. Diese Variante muss bezüglich der vorhandenen baulichen Gegebenheiten noch weiter untersucht werden. Ausgehend von einer Fließgeschwindigkeit in den Rohrleitungen von 2,0 m/s sowie einem Leitungsquerschnitt von DN 2500 ist ein erzielbarer Durchfluss pro Leitung von 10 m³/s möglich.

Neben dem Öffnen der Leitungen zur Energieerzeugung ($Q_1 = 30\,\text{m}^3/\text{s}$) soll die theoretische gleichzeitige Öffnung der Entlastungsleitung ($Q_2 = 10\,\text{m}^3/\text{s}$) als Betrachtung für eine maximal mögliche Auslenkung des Wasserspiegels dienen.

Zusammensetzung der Durchflüsse bei vollständig geöffnetem Kegelstrahlschieber

$$Q_{ges} = \sum_{n=1}^{2}(Q_n) \quad [\text{m}^3/\text{s}]$$

Somit wäre, unter Einbeziehung der bestehenden Entlastungsleitungen, ein Gesamtdurchfluss (Q_{ges}) von ca. 40 m³/s denkbar. Den Grenzwert bildet dabei die kurzzeitig zulässige Fließhöchstgeschwindigkeit von 0,50 m/s im Kanal. Bei einem durchschnittlichen Fließquerschnitt des Kanals von rund 96 m² sowie einem Durchfluss von 40 m³/s bewirkt dies eine Fließgeschwindigkeit von ca. 0,42 m/s im Kanal. Des Weiteren sind die hervorgerufenen Sunk- und Schwalleffekte des Durchflusses von 40 m³/s von Interesse.

Beim Turbinieren werden Schwallwellen durch die schnelle Abgabe von Wassermassen ins Unterbecken erzeugt, die auf der anderen Seite Sunkwellen im angeschlossenen Oberbecken – aufgrund der plötzlichen Entnahme von entsprechenden Wasservolumina – nach sich ziehen. Maßgebliche Einflussgrößen zur Ermittlung dieser Auslenkungen bilden die Wassertiefe (h_0), die Breite des Beckens (b_0) bzw. die Breite des Kanals. Beim Öffnen des Absperrorganes wird im Oberwasser ein Entnahmesunk und im Unterwasser ein Füllschwall ausgelöst. Beim Schließen des Absperrorganes dreht sich dieser dynamische Effekt um, das Unterbecken produziert einen Absperrsunk, während im Oberbecken ein Stauschwall entsteht. Nachfolgend wird die Berechnung der Schwallhöhe (z) mittels absoluter Schwallgeschwindigkeit (c) dargelegt:

$$z = \frac{Q}{c \cdot b_0} = \frac{Q}{\left(v \pm (\sqrt{g \cdot h_0})\right) \cdot b_0} \quad [\mathrm{m}]$$

Zur quantitativen Einschätzung dieser Effekte wurden das verwendet Rohrsystem analysiert und einzelne, maximal kritische Szenarien simuliert. Die Ermittlung der Sunk- und Schwalleffekte stand dabei im Vordergrund der Betrachtungen. Die ermittelten Schwallhöhen erreichten eine maximale Höhe von 0,116 m (bei einem Grenzwert von 0,2 m) und initiierten damit eine Querströmung vor dem Entlastungsbecken von ca. 0,1 m/s, was als unbedenklich eingestuft werden kann. Die initiierte Querströmung ist hierbei nur im Unterbecken des Schiffshebewerkes von Bedeutung.

2.4.2.6 Variante 6: Installation neuer kombinierter Pump-/ Turbineneinheiten für die bestehenden Pumpeinheiten

Ein Einbau moderner PaT-Einheiten bringt neben dem Umbau die technisch geringsten Arbeitsaufwendungen mit sich. PaT-Einheiten, die in die bestehenden Leitungen integriert werden, sollten jedoch aufgrund der benötigten Pendelwassermengen ähnliche Pumpleistungen erzielen wie die bestehenden Pumpen (siehe Tab. 2.11). Da dies im vorliegenden Angebot nicht der Fall ist, muss mit Absprache der WSA Uelzen die bisherige bestehende Pumpleistung genauer verifiziert werden. Neben der Überdimensionierung der vorhandenen Gesamtpumpleistung in Uelzen besteht auch hinsichtlich der im Verhältnis dazu zu geringen Pumpmenge der in Scharnebeck installierten Einheiten Verbesserungspotenzial.

Tab. 2.11 Technische Ausgangswerte der Variante 6

Ausgangswerte	Uelzen	Scharnebeck
Pumpenbetrieb		
Einheiten	5	4
Durchfluss je Einheit	2,2 m^3/s	1,58 m^3/s
Leistung je Einheit	600 kW	690 kW
Maximale Leistung	3000 kW	2760 kW
Betriebszeit je Zyklus	6,00 h	6,00 h
Potentielle Energieaufnahme	18,00 MWh	16,50 MWh
Turbinenbetrieb		
Einheiten	5	4
Durchfluss je Einheit	2,91 m^3/s	1,58 m^3/s
Leitungsdurchmesser	DN 1025	DN 625
Leistung je Einheit	550 kW	550 kW
Maximale Leistung	2750 kW	2200 kW
Betriebszeit je Zyklus	4,54 h	6,00 h
Potentielle Energieabgabe	12,47 MWh	13,20 MWh

Die in dieser Umbauvariante erzielbaren Leistungen je Pumpturbineneinheit lassen sich wie in Variante 1 durch die nicht optimal konstruierten Rohrsysteme sowie Installationspunkte der PaT-Einheit erklären. Dennoch sind die erzielbaren Wirkungsgrade der einzelnen Einheiten auf einem deutlich höheren Niveau, als es die vergleichbaren Umbauten bieten würden.

Uelzen:
Pumpenbetrieb $\eta = 83{,}4\,\%$ b. $8000\,m^3/h$
Turbinenbetrieb $\eta = 89{,}2\,\%$ b. $10.500\,m^3/h$

Scharnebeck:
Pumpbetrieb $\eta = 83{,}4\,\%$ b. $5700\,m^3/h$
Turbinenbetrieb $\eta = 83{,}4\,\%$ b. $5700\,m^3/h$

Der kontaktierte Hersteller empfiehlt eine Anpassung der Zuleitungen an die neuen PaT-Einheiten, um den Einbau der eben genannten kostengünstigeren Standardeinheiten durchführen zu können. Dies könnte sowohl zusätzliche Kosten als auch Wirkungsgradveränderungen nach sich ziehen.

2.4.2.7 Variante 7: Umrüstung einzelner verwendeter Pumpeinheiten zu Pumpturbinenkomponenten

In Variante 7 werden nur einzelne Pumpen durch Pumpturbinen getauscht. Primär steht diese Option unter der Zielstellung, zu geringsten Investitionskosten eine Pumpspeicherung zu ermöglichen. Angedacht ist hierbei, im Schiffshebewerk eine Pumpturbine und in der Schleuse zwei Pumpturbinen zu installieren (technische Details siehe Tab. 2.12). Die Anzahl der zu tauschenden Einheiten wird dabei durch das $n-1$ Ausfallkriterium ermittelt.[8]

Beim maximal möglichen Betrieb von vier (Scharnebeck) respektive fünf (Uelzen) Pumpen soll trotz Ausfall einer regulären Pumpe und gleichzeitigem Ausfall, z. B. durch Installationen oder Wartungen, der neuinstallierten Einheiten ausreichend Pumpkapazität zur Wasserstandsregulierung zur Verfügung stehen – also mindestens zwei Pumpen. Die neuen Pumpturbinen haben, aufgrund ihrer beidseitigen Ausrichtung (Pumpen/Turbinieren), weniger Pumpleistung, stellen aber im Unterschied zur Variante 6 nur eine geringfügige Beeinträchtigung der Gesamtpumpleistung dar.

2.4.2.8 Variante 8: Hydraulischer Kurzschluss

Abhängig davon, welches Umbaukonzept gewählt wird, lassen sich verschiedene Bauformen und Betriebsweisen für eine Staustufe unterscheiden. Gemeint ist damit, wie Pumpe und Turbine miteinander gekoppelt bzw. verschaltet werden. Die Umbauvariante 8 wird in drei Unterkategorien unterteilt: auf der einen Seite den hydraulischen Kurzschluss so-

[8] Schulz et al. (2010).

Tab. 2.12 Technische Ausgangswerte der Variante 7

Ausgangswerte	Uelzen	Scharnebeck
Pumpenbetrieb		
Einheiten	1	1
Durchfluss je Einheit	5,6 m^3/s	2,25 m^3/s
Leistung je Einheit	1700 kW	1200 kW
Maximale Leistung	1700 kW	1200 kW
Betriebszeit je Zyklus	3,43 h	6,00 h
Potentielle Energieaufnahme	5,83 MWh	7,20 MWh
Turbinenbetrieb		
Einheiten	2	1
Durchfluss je Einheit	3,2 m^3/s	2,5 m^3/s
Leitungsdurchmesser	DN 1025	DN 625
Leistung je Einheit	563 kW	695 kW
Maximale Leistung	1126 kW	695 kW
Betriebszeit je Zyklus	3,00 h	5,40 h
Potentielle Energieabgabe	3,38 MWh	3,75 MWh

wie das Spinning-System innerhalb eines Einzelsystems und konträr dazu den virtuellen hydraulischen Kurzschluss.

2.4.2.8.1 Variante 8.1: Hydraulischer Kurzschluss

Eine Umsetzungsmöglichkeit bietet die Tandem-Bauweise. Hier werden Elektromotor/Generator, Pumpe und Turbine auf einer Welle verbaut.

Je nach Betriebsart wird entweder die Pumpe oder die Turbine über Kupplungen mit der elektrischen Maschine verbunden. Diese technisch sehr aufwendige Bauform erlaubt jedem System individuell zu arbeiten. Das garantiert einen maximalen Wirkungsgrad im Pump- sowie im Turbinenbetrieb.[9] Eine Sonderform dieser Bauform stellt der Betrieb als hydraulischer Kurzschluss gemäß Abb. 2.14 dar. Dabei sind Turbine und Pumpe über ein Druckrohr verbunden und gleichzeitig in Betrieb. Diese technisch ebenfalls sehr aufwendige Bauform erlaubt ein besonders kurzes Ansprechverhalten des Systems zur Energiewandlung. Damit lassen sich sehr schnelle Zugriffszeiten im Bereich von wenigen Sekunden erzielen.

Um sich die Funktionsweise vorstellen zu können, soll sie am Beispiel des Pumpspeicherkraftwerks Kopswerk II erläutert werden. Hier ist es möglich, die 150 MW-Pumpe mit 100 MW Leistung aus dem Stromnetz und mit 50 MW Leistung aus der kurzgeschlossenen Turbine zu speisen. So lässt sich Energie speichern, die unter den Nennleistungen der Pumpe zur Verfügung steht. Ob sich solch ein System auch für die betrachteten Staustufen der Bundeswasserstraßen eignet bleibt fraglich. Es muss geprüft werden, ob sich der finanzielle Mehraufwand mit der vergrößerten Speicherbandbreite und dem Vorteil

[9] Rummich (2009).

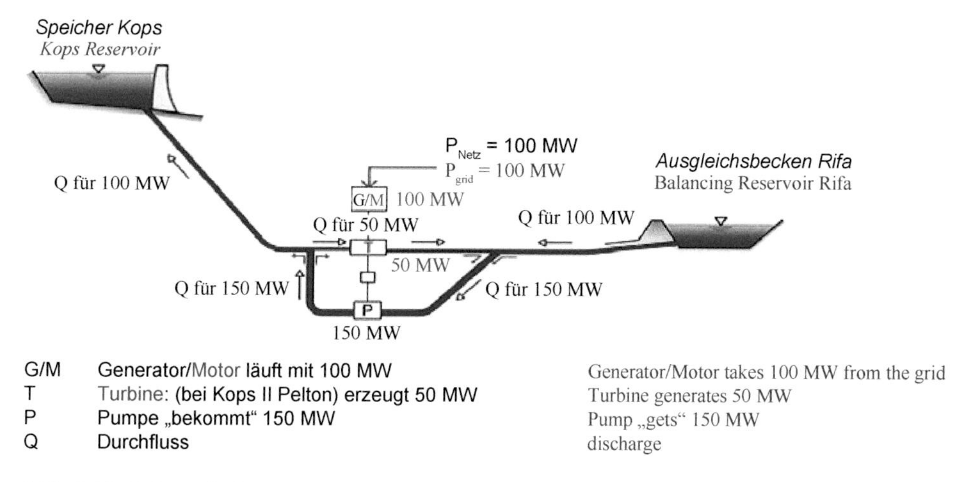

Abb. 2.14 Schematische Darstellung Hydraulischer Kurzschluss. (Pürer 2012)

an Zugriffszeit rechnet. In Anbetracht der momentan zu erwartenden Amortisationszeiten für die notwendigen Umbaumaßnahmen werden Bundeswasserstraßenkraftwerke mit hydraulischem Kurzschluss wahrscheinlich eher die Ausnahme bleiben.

2.4.2.8.2 Variante 8.2: Spinning-Systeme

Eine sehr viel kostengünstigere Alternative zum hydraulischen Kurzschluss könnte ein Spinning-System darstellen. Bei diesem technischen Funktionsprinzip werden die Energiewandler im lastfreien Zustand mit Wasser umspült und so auf einem Stand-By-Betriebslevel gehalten. Mit Hilfe einer Kupplung wird im Gebrauchsfall der Elektromotor/Generator zugeschaltet und der Energiewandler mit dem Arbeitsvolumenstrom beaufschlagt. Zu dieser Betriebsweise sind den Verfassern keine aktuellen Arbeiten bekannt, auf die aufgebaut werden könnte.

Zur Erläuterung der Funktionsweise wird zunächst die Turbine betrachtet. Im lastfreien Zustand werden die verstellbaren Leitschaufeln am Wassereintritt der Turbine so weit geöffnet, dass der die Leitschaufeln passierende Volumenstrom die innere Massenträgheit der Turbine überwindet und diese auf annähernd Betriebsrotationsgeschwindigkeit/Betriebsdrehzahl versetzt wird. Der durch die Turbine angetriebene Generator ist bei diesem Vorgang mit Hilfe einer auf der Verbindungswelle verbauten Kupplung von der Turbine getrennt. Der zur Überwindung der inneren Massenträgheit der Turbine benötigte Volumenstrom wird als Stand-By-Volumenstrom bezeichnet und durch das Oberbecken des Energiespeichers bereitgestellt. Folglich muss dieser Volumenstrom als Verlust betrachtet werden, da er nicht zur Energieerzeugung genutzt werden kann. Kommt es zum Gebrauchsfall, werden die Leitschaufeln entsprechend der abzugreifenden Leistung geöffnet. Gleichzeitig wird bei diesem Vorgang die offene Trennkupplung zwischen Generator und Turbine geschlossen. Dieser Schließvorgang ist der Rotationsgeschwindigkeit der Turbine angepasst, um diese vor Beschädigung zu schützen. Im Betriebsfall ist die Kupplung vollständig geschlossen. Für die Rücksetzung des Systems in den Spinning-Modus wird der Vorgang rückwärts durchlaufen. Im optimalen Fall kommt die Turbine so nie zum Stillstand.

Vorteil dieses Systems ist die besonders verschleißarme Nutzung sowie eine sehr geringe Ansprechzeit der Turbine von wenigen Sekunden, ähnlich dem hydraulischen Kurzschluss. Im Vergleich zum hydraulischen Kurzschluss ist das Spinning-System im Bereich der Turbine wesentlich investitionskostenärmer, und die nötigen Umbaumaßnahmen sind als relativ gering einzuschätzen. So entfällt z. B. der Bau eines Druckrohrs. Allerdings gelingt es dem System nicht Energie zu speichern, die unterhalb der Nennleistung der verbauten Pumpen liegt, wie dies im Beispiel des hydraulischen Kurzschlusses oben der Fall ist. Mit Blick auf die Bundeswasserstraße scheint dieser Punkt jedoch nicht von hoher Relevanz zu sein. Die hier zahlreich verbauten Pumpen laufen mit einer vergleichsweise geringen Nennleistung. Ein echter Nachteil des Spinning-Systems ist, dass permanent Wasser aus dem Oberbecken entnommen werden muss, um das System am Laufen zu halten. Nach ersten Annahmen sollte dieser Volumenstrom kaum oberhalb des Volumenstroms z. B. einer Fischtreppe liegen und somit hinnehmbar sein.

Auch im Bereich der Pumpen sind Spinning-Systeme denkbar. Hier sind allerdings komplexere Überlegungen und Umbaumaßnahmen notwendig. In der Grundüberlegung müssen die Pumpschaufeln von dem die Pumpe antreibenden Elektromotor getrennt werden. Dies soll mit Hilfe einer Kupplung verwirklicht werden. Nun muss die Pumpe in gleicher Weise in Rotation versetzt werden, wie es auch dem Betriebszustand entspräche. Dazu beaufschlagt eine innerhalb der Pumpkonstruktion installierte zusätzliche Leitung das Pumprad mit Wasser. Der so eingebrachte Stand-By-Volumenstrom versetzt die Pumpe in Rotation und strömt dem zu pumpenden Betriebsvolumenstrom entgegen. Ferner muss die Pumpe vollständig vom Wasser des Unterbeckens befreit werden, da dieses Wasser die Rotationsbewegung stark abbremst. Selbiges geschieht auch mit der die Pumpenschaufeln umgebenden Luft. Diese wird durch die Rotationsbewegung ebenfalls mit Energie beaufschlagt. Folglich muss eine Luftzirkulation in das System eingebracht werden, damit die beförderte Luft barrierefrei entweichen kann. (Im Bereich der Turbine sind diese Überlegungen von nachrangiger Bedeutung.) Kommt es zum Betriebsfall der Pumpe, wird die Kupplung geschlossen und gleichzeitig der Elektromotor in Betrieb genommen. Dieser Vorgang muss ähnlich wie bei der Turbine koordiniert verlaufen. Der Stand-By-Volumenstrom muss an dieser Stelle gedrosselt und im laufenden Betrieb gänzlich abgestellt werden. Weiter muss der Stand-By-Volumenstrom während der Übergangsphase nach Passieren des Pumprades abgefangen werden, um den sich aufbauenden Betriebsvolumenstrom der Pumpe nicht zu behindern. Die dazu nötigen Umbaumaßnahmen können u. U. sehr komplex und dadurch kostspielig werden. Aus diesem Grund bleibt es fraglich, ob die entstehenden Vorteile – besonders verschleißarme Nutzung sowie eine sehr geringe Ansprechzeit der Pumpe – den höheren Investitionsbedarf ausgleichen.

Aus diesem Grund kann überlegt werden, ob das Spinning-System im Bereich der Pumpe durch den Elektromotor verwirklicht werden sollte. Dabei würde kein Stand-By-Volumenstrom auf das Pumprad wirken, und es muss keine Kupplung verbaut werden.

Bei dieser vereinfachten Variante muss die benötigte Energie des Elektromotors ebenfalls als Verlust betrachtet und die Überlegungen für die Luftzirkulation weiter umgesetzt werden. Angemerkt sei, dass die Verlustenergie des Elektromotors im Spinning-Zustand weit unterhalb der Nennleistung der Pumpe liegt, da kein Wasser umgewälzt wird.

2.4.2.8.3 Variante 8.3: Virtueller hydraulischer Kurzschluss

Im Rahmen der bisherigen Überlegungen wurde die Idee eines *virtuellen hydraulischen Kurzschlusses* betrachtet. Dabei sind die Verfasser von dem Vorteil des gleichzeitigen Betriebs von Pumpe und Turbine einer Staustufe bei Verwendung des hydraulischen Kurzschlusses ausgegangen. Bei den Überlegungen wurde festgestellt, dass ein Speicherbecken in vielen Fällen über zwei Staustufen verfügt: Im Regelfall befindet sich eine Staustufe als Übergang zu einem höhergelegenen und eine Staustufe als Übergang zu einem niedergelegenen Speicherbecken. In diesem Fall könnte ein Speicherbecken an einem Ende Pumpleistung und am anderen Ende Turbinenleistung bereitstellen. Aufgrund der physikalischen Eigenschaften des elektrischen Stromes – Energietransport innerhalb elektrischer Leiter mit nahezu Lichtgeschwindigkeit – würde so für ein Speicherbecken ein virtueller hydraulischer Kurzschluss entstehen.

Für Speicherbecken, welche an einen Ende ein Oberbecken und an anderen Ende ein Unterbecken bedienen, führt dieser Vorgang in der Regel jedoch zu einer enormen Volumenabgabe des Speicherbeckens, da das verfügbare Volumen an beiden Enden des Beckens abgeschöpft wird. Aus diesem Grund scheint der virtuelle hydraulische Kurzschluss für solche Speicherbecken als fragwürdig. Eine Ausnahme bilden die sogenannten Scheitelhaltungen. Diese Speicherbecken stellen in ihrer direkten Umgebung in der Regel den höchsten Normalstau zur Verfügung. Somit handelt es sich bei den zu bedienenden Speicherbecken stets um Unterbecken. Würde nun über zwei Staustufen der virtuelle hydraulische Kurzschluss bedient werden, kann bei nahezu ähnlichem Volumentransport unterstellt werden, dass sich die erreichte Lamellenhöhe in der Scheitelhaltung kaum ändert, aber gleichzeitig sowohl negative als auch positive Leistung durch Pumpen und Turbinen bereitgestellt wird. Nach derzeitigem Kenntnisstand ist dieses Konzept des virtuellen hydraulischen Kurzschlusses aktuell einmalig.

Am Beispiel des Main-Donau-Kanals soll das Wirkprinzip des virtuellen hydraulischen Kurzschlusses verdeutlicht werden: Die Scheitelhaltung wird mit Hilfe einer Pumpwerkskette von der Donau gespeist. In Richtung Main wird die Scheitelhaltung über eine bereits bestehende Turbine entlastet. Abbildung 2.15 verdeutlicht den Sachverhalt. Wird dieser Bereich nun entsprechend den Vorgaben eines Pumpspeicherwerks umgebaut, könnte die Scheitelhaltung gleichzeitig über die Pumpen der Staustufe Bachhausen mit Wasser beaufschlagt und über die Staustufe Hilpoltstein entlastet werden.

Bei einem unterstellten Volumenstrom für die pumpende und turbinierende Staustufe von ca. $10\,m^3/s$ würde der anliegende Pegelstand im Schnitt nicht variiert werden, und auch die im Speicherbecken entstehende Strömung wäre im Bereich der gesetzlichen Toleranzen. Dieser Form des *hydraulischen Kurzschlusses* gelingt es jedoch nicht, das Ansprechverhalten der Turbinen oder Pumpen zu beeinflussen. Dafür wären weitere

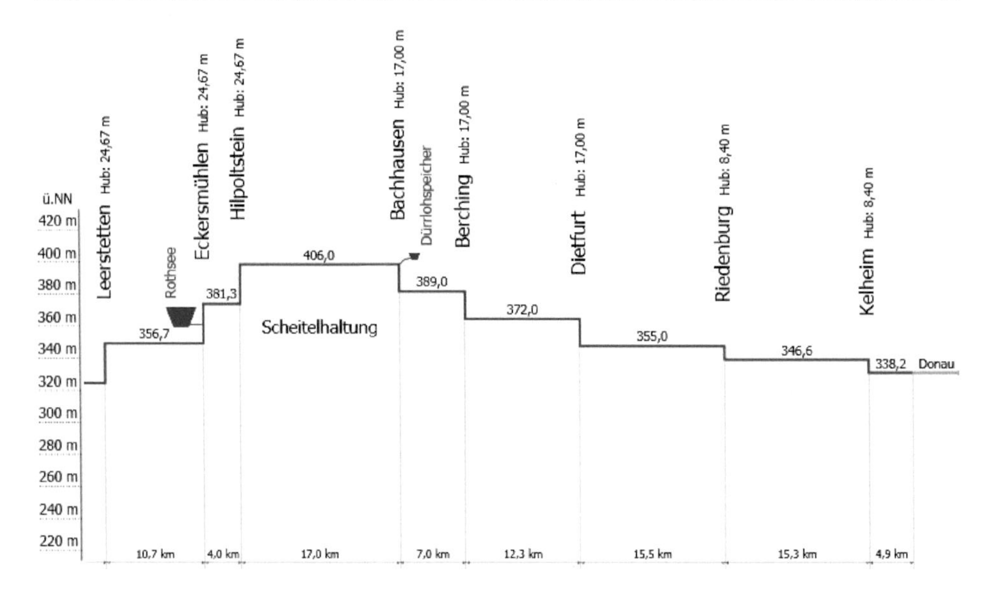

Abb. 2.15 Schematische Darstellung des Main-Donau-Kanals (Ausschnitt, Wikimedia Foundation Inc.). Verändert nach Wikimedia (https://www.wikimedia.de) © creative commons license (http://creativecommons.org/licenses/by-sa/3.0/)

Überlegungen, wie z. B. das beschriebene Spinning-System, vonnöten. Auch energielogistisch stellt diese Alternative einen komplexen Zusammenhang dar, der nur im Rahmen weiterer Untersuchungen ausreichend bearbeitet werden kann. Für keines der drei Umbauvarianten liegen ausreichende Leistungs- und Angebotsblätter vor, um eine ausreichende wirtschaftliche Aussage tätigen zu können. Aus diesem Grund bleibt die Variante 8 in jeglicher Umbauform bei den weiteren Betrachtungen außen vor.

2.4.3 Zusammenfassung zu den Umsetzungsvarianten

Zur Verdeutlichung der Speicherkapazität wurden vergleichbare Pumpspeicherwerke in Deutschland herangezogen.[10] Als Kennziffer gelten hierbei maximal sechs Stunden richtungsgebundene Betriebsdauer Pump- und sechs Stunden Turbinenbetrieb pro Tag. Werden diese sechs Stunden nicht erreicht, wird davon ausgegangen, dass nur die Wasserkapazität eingespeichert/ausgespeichert werden kann, welche vorher auch abgelassen bzw. hochgepumpt wurde. Dies geschieht, da einerseits der Turbinendurchfluss aufgrund der Gravitation beschleunigt zum Pumpdurchfluss stattfindet und andererseits der bestehende Leitungsdurchmesser höhere Durchflüsse verhindert. Unbeachtet bleiben in diesem ver-

[10] Schluchseewerk AG (2010), Jarass und Obermair (2012).

Tab. 2.13 Umbauvarianten im Vergleich

Variante	Erläuterung	P_{ele} Pumpen [MW]	P_{ele} Turbinen [MW]	η_{Gesamt} Mittelwert [%]	Speicherkapazität In/Out [MWh]
UV 1	Umrüstung Pumpen	13,30	5,60	55,04	57,94/31,90
UV 2	Turbinen Entlastung	13,30	5,47	53,85	57,94/31,22
UV 3	UV 1 + UV 2	13,30	4,75	46,79	57,94/27,12
UV 4	Neubau Entlastung	Nicht untersucht[a]			
UV 5	Extra Entlastung	13,30	12,22[b]	58,37	57,94/33,82
UV 6	Neue Pumpturbinen	5,75	4,95	72,72[c]	34,50/25,04
UV 7	(n−1) Pumpturbinen	11,79	1,10	55,06	51,73/6,60[d]
UV 8	Hydraulischer Kurzschluss	Nicht untersucht			

Anmerkungen

[a] Der Neubau der Entlastungsleitungen stellt eine theoretische, technisch nicht verifizierbare Umbauvariante der Einzelanlagen dar. Neben einer Anhebung des Systemwirkungsgrades auf bis zu 70 % wird davon ausgegangen, dass auch der Parameter elektrische Leistung der Turbinen signifikant steigt.

[b] Die elektrische Leistung der Turbinen ist ein theoretisch ermittelter Parameter. Eine solche Entwicklung wurde in der vorliegenden Betrachtung nur für das Schiffshebewerk Scharnebeck durchgeführt. Innerhalb des Kanals wurde von einer Speichergruppe ausgegangen.

[c] Der relativ, im Vergleich zu den anderen Umbauvarianten, hohe Wirkungsgrad ist dadurch zu erklären, dass eine komplette Pumpturbineneinheit neuester Generation auch den Einzelwirkungsgrad der Pumpeneinheit anhebt.

[d] Aufgrund des Einsatzes nur einer/zweier Pumpturbine/n bedeutet dies nur eine geringe Erzeugungskapazität. Beim Ablassen der komplett eingespeicherten Lamelle betrüge die Summe der Ablaufzeiten beider Anlagen 51,6 Stunden. Die Effektivleistung nach Betriebsstunden beliefe sich dann auf 28,38 MWh.

einfachten Modell die Freiwassermengen, nicht gekennzeichnete Entnahmen oder Schleusenverluste. Der Gesamtsystemwirkungsgrad η_{Gesamt} wurde gemäß (2.3) ermittelt.

Tabelle 2.13 verdeutlicht, dass die – unabhängig von der Umbauvariante – erzielbaren Leistungen unter denen bekannter Pumpspeicherwerke liegen.[11] Als Begründung können die geringen potentiellen Höhenunterschiede, die geringen Durchflussgeschwindigkeiten sowie die Turbinen angeführt werden. Insbesondere bei Kleinstwasserturbinen wurde laut Herstelleraussagen in der Entwicklung weniger auf einen Pumpspeicherbetrieb als auf einen Laufwasserbetrieb geachtet, der andere Anforderungen an die Einheiten setzt. Einzig eine komplette Entfernung bestehender Anlagenteile inklusive einer Neuinstallation moderner Pumpturbinen hebt den Parameter Wirkungsgrad auf ein vergleichbares Niveau mit bestehenden Anlagen.

[11] Sterner et al. (2010).

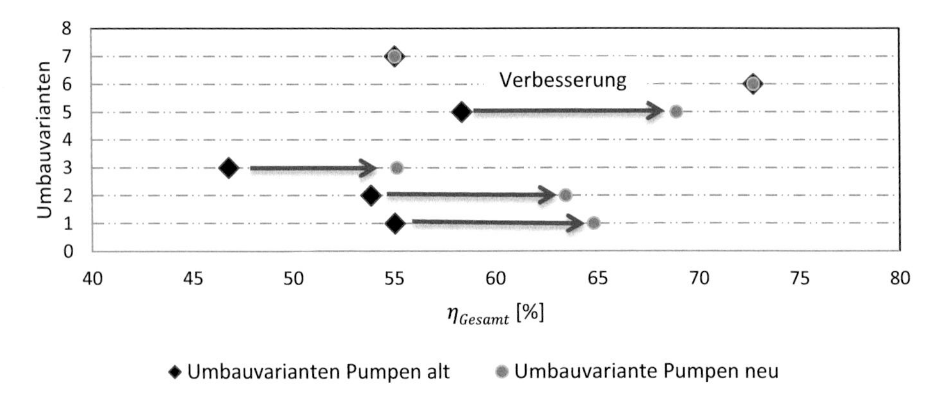

Abb. 2.16 Vergleich der Wirkungsgrade aller UV mit alten und neuen Pumpen

Das arithmetische Mittel des Gesamtsystemwirkungsgrades über alle Umbauvarianten beträgt 57 % und reicht daher annähernd auch an andere großtechnische Energiespeicherformen heran. Negativ wird der Wirkungsgrad des Gesamtsystems deutlich durch die bisher installierten älteren Pumpen, mit Baujahren ab 1970, beeinflusst. Der anfänglich angedachte Vorteil stellt in diesem Fall einen möglichen Schwachpunkt des Systems dar. Daher kann auch über eine Neuinstallation dieser Pumpen nachgedacht werden. Werden diese Pumpen in einem weiteren Schritt aufgrund von Rentabilitätsgründen, bisherigen Wirkungsgraden oder erhöhten Serviceintervallen durch modernere Pumpen ersetzt, verbesserte dies auch die Gesamtsystemwirkungsgrade der betroffenen Varianten 1 bis 5 (siehe Abb. 2.16). Dabei wird für erste Berechnungen angenommen, dass diese Pumpen einen Einzelwirkungsgrad (η_P) von 90 % aufweisen.[12]

Eine Steigerung des Gesamtsystemwirkungsgrades über alle Umbauvarianten von 57 % auf 63 % beschreibt den Einfluss einer Systemeinheit, hier der Pumpen, auf den gesamten Vorgang. Eine Verbesserung des Verhältnisses $\frac{P_P}{\eta_P}$ – des Leistungsbedarfes der Pumpe (P_P) zum Pumpenwirkungsgrad (η_P) – sollte ein Ziel auf dem Weg zur Pumpspeicherung im Elbe-Seitenkanal sein. Aus diesem Grund wird empfohlen, die bestehenden Pumpen systematisch durch effektivere Einheiten zu ersetzen.

Als Resultat dieser Untersuchungen wird Variante 6 (Installation neuer Pumpturbineneinheiten) ausgewählt, um im weiteren Verlauf der Arbeit, diese in der ökonomischen und rechtlichen Betrachtung näher auszuführen. Hintergrund dafür sind die abwägungsrelevanten Parameter (siehe Abschn. 4.5). Neben den geringsten Investitionskosten (im Bereich gleicher Leistungsdaten) und den damit besten Voraussetzung für einen wirtschaftlichen Betrieb, wurde der hohe Gesamtsystemwirkungsgrad, die einfache Umsetzbarkeit (durch den möglichen Tausch einzelner Einheiten) und die Installation von Standardeinheiten (Reparatur- und Servicekostenreduzierung) als ausschlaggebend bewertet. Sollte mit dieser Umbauvariante kein wirtschaftliches Betreiben eines Pumpspeichers, an einem

[12] Giesecke und Mosonyi (2009).

der im folgenden Kapitel untersuchten Märkte, möglich sein, kann davon ausgegangen werden, dass sich unter den gegebenen Bedingungen keine der angeführten Varianten amortisiert. Dabei gilt es, einige Faktoren zu beachten. Die modernen Einheiten besitzen – im derzeitigen Angebot – weniger Pumpleistung (einzeln wie auch summiert) als die bestehenden Pumpen. Anfragen bei den Herstellern haben ergeben, dass stärker dimensionierte Standardeinheiten im Bereich Pumpleistung ebenfalls angeboten werden. Gleichfalls sollte untersucht werden, ob die bestehenden Pumpleistungen überhaupt zukünftig benötigt werden. Nach ersten Berechnungen erscheint speziell die Schachtschleusengruppe Uelzen überdimensioniert, als Hintergrund kann die Bewirtschaftung über eine deutliche längere Wasserstrecke, bis hin zum Mittellandkanal, angeführt werden.

Literatur

Friesecke A (2009) Bundeswasserstraßengesetz – Kommentar. Carl Heymanns Verlag, Köln

Ghosh T, Prelas M, (2011) Energy Resources and Systems, Volume 2: Renewable Resources, Chapter 3 Hydropower. Springer Heidelberg, London, New York

Giesecke J, Mosonyi E (2009) Wasserkraftanlagen – Planung, Bau und Betrieb. Springer, Berlin, Heidelberg

Jarass L, Obermair G M (2012) Welchen Netzumbau erfordert die Energiewende? Unter Berücksichtigung des Netzentwicklungsplans Strom 2012. Monsenstein und Vannerdat, Münster

Koch R (2012) Wasserbauliche und hydromechanische Fragen eines Pumpspeichers Elbe-Seitenkanal – Anhang zum Bericht über den Projektteil „Kanal-Pumpspeicher" im KT EnERgioN (Teilmaßnahme 1.1)

Konstantin P, (2009) Praxisbuch Energiewirtschaft. Springer, Berlin, Heidelberg, Köln

Pegelonline (2013) Pegelstand des Elbe-Seitenkanals. http://www.pegelonline.wsv.de/gast/pegelmenue. Zugegriffen: 20.04.2013

Pürer (2012) Die Renaissance der Pumpspeicher- und Speicherkraftwerke. in: WasserWirtschaft | Ausgabe 07-08/2012

Rummich E (2009) Energiespeicher – Grundlagen, Komponenten, Systeme und Anwendungen. Expert Verlag, Renningen

Schneider, K-J (2014) Bautabellen für Ingenieure: mit Berechnungshinweisen und Beispielen. Bundesanzeiger Verlag GmbH

Schluchseewerk AG (2010) Pumpspeicherwerk Atdorf – Antragsunterlagen zum Raumordnungsverfahren Erläuterungsbericht

Schulz D, Heuck K, Dettmann K (2010) Elektrische Energieversorgung – Erzeugung, Übertragung und Verteilung elektrischer Energie für Studium und Praxis. Vieweg + Teubner Verlag, Wiesbaden

Sterner M, Gerhardt N., Saint-Drenan Y, von Oehsen A, Hochloff P, Kocmajewski M, Jentsch M, Liichtner P, Pape C, Bofinger S, Rohrig K (2010) Energiewirtschaftliche Bewertung von Pumpspeicherwerken und anderen speichern im zukünftigen Stromversorgungssystem. Endbericht. Fraunhofer Institut für Windenergie und Energiesystemtechnik, Kassel

Wikimedia Foundation Inc. Höhen- und Längenprofil des Main-Donau-Kanals. https://de.wikipedia.org/wiki/Main-Donau-Kanal#/media/File:Main-Donau-Kanal-H%C3%B6henprofil.svg. Zugegriffen 22.07.2015

WSV (2013) Übersichtskarte Elbe-Seitenkanal. http://www.wsd-mitte.wsv.de/ausbau/elbe_seitenkanal/uebersichtsplan_elbe_seitenkanal.html. Zugegriffen: 15.05.2013

3 Der rechtliche Rahmen für die Umsetzung eines Pumpspeicherwerks im Elbe-Seitenkanal

Christian Maly, Moritz Meister und Michaela Stecher

Mit der Integration von Pumpspeicherwerkselementen in die bestehenden Staustufen des Elbe-Seitenkanals stellen sich rechtliche Fragen insbesondere auf den Gebieten des Wasserstraßen-, Umweltschutz-, sowie Bau- und Planungsrechts. Grundlegend zu beachten sind das Bundeswasserstraßengesetz (WaStrG)[1] und das Wasserhaushaltsgesetz (WHG)[2]. Während das WaStrG Gewässer als Wasserstraßen in den Blick nimmt, dient das WHG insbesondere der Umsetzung der Wasserrahmenrichtlinie (WRRL)[3] und zielt mithin auf die Verwirklichung von Umweltschutz in den deutschen Gewässern. Hiernach gilt es zunächst, zu klären, ob aufgrund wasserstraßenrechtlicher Bestimmungen ein Planfeststellungsverfahren durchzuführen ist bzw. inwieweit zur Umsetzung der Umbauvarianten auf bereits bestehende Planfeststellungsbeschlüsse zurückgegriffen werden kann (Abschn. 3.1). Sodann wird geprüft, welche neuen Genehmigungen und Erlaubnisse nach WaStrG und WHG für die verschiedenen Umbauvarianten eingeholt werden müssten (Abschn. 3.1 und 3.2). Im Anschluss an die Erläuterungen zu Genehmigungen und Erlaubnissen wird auf die energie- und vergütungsrechtlichen Rahmenbedingungen im Erneuerbare-Energien-Gesetz (EEG)[4] und Energiewirtschaftsgesetz (EnWG)[5] sowie das

[1] Bundeswasserstraßengesetz in der Fassung der Bekanntmachung vom 23. Mai 2007 (BGBl. I S. 962; 2008 I S. 1980), das durch Artikel 26 des Gesetzes vom 25. Juli 2013 (BGBl. I S. 2749) geändert worden ist.

[2] Wasserhaushaltsgesetz vom 31. Juli 2009 (BGBl. I S. 2585), das zuletzt durch Artikel 2 des Gesetzes vom 8. April 2013 (BGBl. I S. 734) geändert worden ist.

[3] Richtlinie 2000/60/EG des Europäischen Parlaments und des Rates vom 23. Oktober 2000 zur Schaffung eines Ordnungsrahmens für Maßnahmen der Gemeinschaft im Bereich der Wasserpolitik.

[4] Erneuerbare-Energien-Gesetz vom 21. Juli 2014 (BGBl. I S. 1066), das durch Artikel 4 des Gesetzes vom 22. Juli 2014 (BGBl. I S. 1218) geändert worden ist.

[5] Energiewirtschaftsgesetz vom 7. Juli 2005 (BGBl. I S. 1970, 3621), das zuletzt durch Artikel 2 des Gesetzes vom 16. Januar 2012 (BGBl. I S. 74) geändert worden ist.

Christian Maly ✉ · Moritz Meister · Michaela Stecher
Leuphana Universität Lüneburg, Lüneburg, Deutschland
e-mail: maly@leuphana.de, meister@leuphana.de, stecher@leuphana.de

H. Degenhart et al. (Hrsg.), *Pumpspeicher an Bundeswasserstraßen*,
DOI 10.1007/978-3-658-10916-5_3

sonstige Recht der Energiespeicherung eingegangen (Abschn. 3.3). Anschließend werden die vergaberechtlichen Rahmenbedingungen für eine Nutzung des Elbe-Seitenkanals zur Pumpspeicherung am Beispiel der Schleusen in Uelzen dargestellt (Abschn. 3.4) und die Rahmenbedingungen einer vertraglichen Vereinbarung über die Nutzung des Pumpspeicherwerks skizziert (Abschn. 3.5). Ein Fazit und ein Ausblick schließen rechtlichen Untersuchungen ab.

3.1 Wasserstraßenrechtlicher Rahmen für Pumpspeicher im Elbe-Seitenkanal

Je nachdem ob die Umbauvarianten 1 bis 8 als Neubau, Ausbau i. S. d. § 12 Abs. 1 WaStrG, als Unterhaltung i. S. d. § 8 Abs. 1 WaStrG oder als Benutzung i. S. d. § 9 WHG i. V. m. § 31 Abs. 1 Nr. 1 WaStrG zu bewerten sind, müssen andere Anforderungen erfüllt werden, um die Umbauvarianten rechtmäßig errichten und betreiben zu können.

3.1.1 Neubau oder Ausbau i. S. d. § 12 Abs. 1 WaStrG

Der Elbe-Seitenkanal ist gemäß § 1 Abs. 1 WaStrG i. V. m. Anlage 1 Nr. 12 eine Bundeswasserstraße. Fraglich ist, ob die in Tab. 2.1 aufgeführten Umbauvarianten einen Ausbau bzw. einen Neubau der Bundeswasserstraße Elbe-Seitenkanal i. S. d. § 12 Abs. 1 WaStrG darstellen. Gemäß § 14 Abs. 1 Satz 1 WaStrG würde dies ein Planfeststellungsverfahren erfordern.[6] Aufgrund der in § 75 Abs. 1 Verwaltungsverfahrensgesetz (VwVfG)[7] und § 12 Abs. 6 WaStrG formulierten Konzentrationswirkung bedürfte es neben dem Planfeststellungsbeschlusses keiner weiteren Erlaubnis, Bewilligung oder Genehmigung.[8] Auch sind die §§ 12 ff. WaStrG für einen Aus- bzw. Neubau von Bundeswasserstraßen gegenüber § 68 WHG (Ausbau und Neubau von Gewässern) die spezielleren Regelungen.[9] Für eine Unanwendbarkeit des § 68 WHG sowie der Vorschriften der Landeswassergesetze müsste es sich um einen Ausbau bzw. Neubau des Elbe-Seitenkanals als Verkehrsweg handeln. In diesem Falle würde die GDWS Außenstelle Mitte in Hannover als zuständige Fachaufsichtsbehörde und Außenstelle der Wasser- und Schifffahrtsverwaltung des Bundes die erforderlichen Planfeststellungsverfahren bzw. Plangenehmigungsverfahren ausführen.[10]

Der Ausbaubegriff des WaStrG erfasst laut der Legaldefinition in § 12 Abs. 2 Satz 1 WaStrG Maßnahmen zur wesentlichen Umgestaltung einer Bundeswasserstraße.[11] Unter den

[6] Friesecke (2009, § 14 Rn. 6 ff.).
[7] Verwaltungsverfahrensgesetz in der Fassung der Bekanntmachung vom 23. Januar 2003 (BGBl. I S. 102), das durch Artikel 3 des Gesetzes vom 25. Juli 2013 (BGBl. I S. 2749) geändert worden ist.
[8] Friesecke (2009, § 12 Rn. 25).
[9] Insofern noch zu der alten Rechtslage: Friesecke (2009, § 12 Rn. 2).
[10] Friesecke (2009, § 12 Rn. 2).
[11] Friesecke (2009, § 12 Rn. 10).

Begriff des Neubaus fallen hingegen Maßnahmen zur Herstellung einer Bundeswasserstraße.[12] Die jeweiligen Maßnahmen, welche als Ausbaumaßnahmen klassifiziert werden könnten, müssten den Elbe-Seitenkanal als Verkehrsweg betreffen. Als Kriterium hierfür ist die „Zweckrichtung der Maßnahmen"[13] anerkannt. Dies bedeutet, dass das angestrebte Vorhaben die Verkehrsfunktion der Bundeswasserstraße ändern, neu schaffen oder beseitigen muss (§ 12 Abs. 1 und 2 WaStrG). Die Erfüllung einer unter das WaStrG fallenden verkehrsbezogenen Aufgabe muss durch die jeweilige Maßnahme bezweckt werden (schifffahrtsfunktionaler Zusammenhang)[14]. Eine Verbesserung der Verkehrsfunktion kann hierbei regelmäßig in Betracht kommen.[15] Bei Vorliegen eines Aus- oder Neubaus einer Bundeswasserstraße können neben den verkehrsbezogenen Vorhaben auch daraus folgende wasserwirtschaftliche oder weitere Maßnahmen mit erfasst sein.[16] Dies hätte zur Folge, sofern der Aufgabenschwerpunkt auf einem verkehrsbezogenen Zweck liegt[17], dass auch die Planungen und Genehmigungen eines in diesem Rahmen errichteten Pumpspeicherwerks mit erfasst wären. Für den Fall, dass Vorhaben einen anderen Zweck als die unter das WaStrG fallenden verkehrsbezogenen Aufgaben verfolgen, sind die §§ 12 ff. WaStrG nicht anwendbar.[18]

Da durch die Umbauvarianten keine Bundeswasserstraße hergestellt wird, stellen diese keinen Neubau des Elbe-Seitenkanals dar. Fraglich ist aber, welche der genannten Umbauvarianten einen Ausbau der Bundeswasserstraße darstellen könnten. Damit eine Maßnahme einen Ausbau i. S. d. § 12 Abs. 1 WaStrG darstellt, bedarf es, wie eingangs bereits dargelegt, einerseits einer wesentlichen Umgestaltung einer Bundeswasserstraße und darüber hinaus eines schifffahrtsfunktionalen Zusammenhangs. Da die Zweckrichtung der Varianten Nr. 1–8 nicht auf die Verkehrsfunktion des Elbe-Seitenkanals gerichtet ist, sondern darauf abzielen, ein Pumpspeicherwerk zur Energiespeicherung zu schaffen, fehlt es bereits an dem erforderlichen schifffahrtsfunktionalen Zusammenhang. Ob insbesondere die wenig umbauintensiven Varianten 1, 6 und 7 überhaupt eine wesentliche Umgestaltung darstellen, kann dahinstehen. Ein Ausbau i. S. d. § 12 Abs. 1 WaStrG ist nicht gegeben.

Es bedarf hiernach keines Planfeststellungsverfahrens i. S. d. § 14 Abs. 1 Satz 1 WaStrG. Allerdings kann auch keine Konzentrationswirkung in Anlehnung an § 12 Abs. 6 WaStrG hinsichtlich anderer eventuell erforderlicher Erlaubnisse und Genehmigungen erreicht werden. Kann nicht am bestehenden Planfeststellungsbeschluss angeknüpft werden (dazu sogleich im Rahmen der Ausführungen zur Unterhaltung), sind neben den Bundesbehörden gegebenenfalls auch die Landesbehörden für eine Realisierung der Umbauvarianten relevant. Der Vorteil der Konzentrationswirkung in Form einer Bündelung aller Erlaubnisse, Genehmigungen und Bewilligungen kann daher nicht erreicht

[12] Friesecke (2009, § 12 Rn. 13).
[13] Friesecke (2009, § 12 Rn. 3).
[14] Vgl. Friesecke (2009, § 12 Rn. 3).
[15] Friesecke (2009, § 12 Rn. 10).
[16] Friesecke (2009, § 12 Rn. 3).
[17] Vgl. Friesecke (2009, § 12 Rn. 3).
[18] Friesecke (2009, § 12 Rn. 3; 10).

werden. Ein ähnlicher Effekt lässt sich jedoch auch durch den Aufbau einer informellen Steuerungsgruppe aller relevanten Behörden erreichen.

3.1.2 Unterhaltung i. S. d. § 8 Abs. 1 WaStrG

Abzugrenzen von einem Aus- bzw. Neubau ist der Begriff der Unterhaltung einer Bundeswasserstraße. Die Unterscheidung ist im besonderen Maße von Bedeutung, da im Gegensatz zu einem Ausbau bei der Unterhaltung einer Bundeswasserstraße kein Planfeststellungs- oder Plangenehmigungsverfahren (vgl. §§ 14 Abs. 1 S. 1; 14b Nr. 1 bis 3 WaStrG) erforderlich ist. Unterhaltungsmaßnahmen müssen jedoch die maßgebenden Bewirtschaftungsziele der §§ 27–31 WHG berücksichtigen. Letztlich handelt es sich um Maßnahmen zur Erhaltung des regelmäßig bereits im Planfeststellungsverfahren geprüften Zustands der Bundeswasserstraße. Eine Unterhaltungsmaßnahme i. S. d. § 8 Abs. 1 WaStrG muss daher auf die Erhaltung eines ordnungsgemäßen Zustands für die Schiffbarkeit gerichtet sein.[19] Die Varianten 1 bis 8 sind auf die Energiespeicherung bzw. Energiegewinnung mit einem Pumpspeicherwerk gerichtet und stellen keine Maßnahmen dar, welche als Zielrichtung die Erhaltung des ordnungsgemäßen Zustands der Schiffbarkeit verfolgen.

3.1.3 Benutzung i. S. d. § 9 WHG i. V. m. § 31 Abs. 1 Nr. 1 WaStrG

Gemäß § 31 Abs. 1 Nr. 1 WaStrG bedarf die Benutzung von Bundeswasserstraßen einer strom- und schifffahrtspolizeilichen Genehmigung (ssG). Hinsichtlich des Benutzungsbegriffs wird auf § 9 WHG verwiesen. Gemäß § 9 Abs. 1 WHG stellen das Entnehmen und Ableiten von Wasser aus oberirdischen Gewässern (Nr. 1),[20] das Aufstauen und Absenken von oberirdischen Gewässern (Nr. 2)[21] und auch das Einbringen und Einleiten von Stoffen in Gewässer (Nr. 4)[22] eine Benutzung dar. Das Wasser des Elbe-Seitenkanals steht in dem für ihn erbauten Gewässerbett und erfüllt damit die Voraussetzungen für ein oberirdisches Gewässer i. S. d. § 3 Nr. 1 WHG.[23] Laut Czychowski und Reinhardt (2014) kommt es beim Betrieb von Pumpspeicherwerken regelmäßig zur Verwirklichung aller der oben beschriebenen Benutzungsarten.[24] Gründe, aus denen dies bei einer der Umbauvarianten anders sein sollte, sind nicht ersichtlich. § 31 Abs. 1 Nr. 1 WaStrG wäre mithin erfüllt und es wäre in allen Umbauvarianten eine ssG erforderlich. Die Außenstelle

[19] Friesecke (2009, § 7 Rn. 7).
[20] Vgl. dazu Schmid (2011, § 9 Rn. 26 ff.).
[21] Vgl. dazu Schmid (2011, § 9 Rn. 29 ff.).
[22] Vgl. dazu Schmid (2011, § 9 Rn. 35 ff.).
[23] Vgl. zum Begriff des oberirdischen Gewässers: Berendes (2011, § 3 Rn. 5 ff.).
[24] Czychowski und Reinhardt (2014, § 35 Rn. 6).

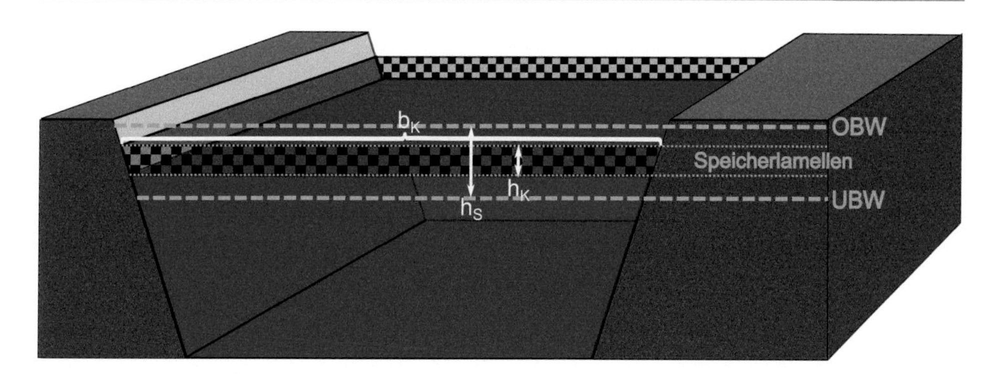

Abb. 3.1 Schematische Darstellung der Speicherlamelle

Mitte der Generaldirektion Wasserstraßen und Schifffahrt in Hannover[25] (GDWS Mitte) betonte in einem Gespräch am 02.11.2012, dass sie als zuständige Fachaufsichtsbehörde keine Probleme hinsichtlich der Erteilung einer ssG sehe, solange sich die Wasserstandschwankungen beim Pumpen und Turbinieren innerhalb der festgelegten Lamelle bewegten und die Schifffahrt nicht beeinträchtigt werde. Inwieweit Wellenschlag oder Sogbildung die Schifffahrt in einer der Umbauvarianten beeinträchtigen könnten, wird in einem gesonderten Berichtsteil dargelegt.[26] Hinsichtlich der auf Grundlage des Planfeststellungsbeschlusses eingegrenzten Lamelle kann jedoch an dieser Stelle folgendes gesagt werden: Die zur Speicherung von Energie untersuchte potentielle Speicherlamelle (vgl. Abb. 3.1) wird in ihrer ursprünglichen Form als Toleranzband bzw. Ausgleichslamelle der Schifffahrt verwendet. Durch die fehlende natürliche Speisung, die Wasserentnahme Dritter, Wettereinflüsse und Verluste durch Schleusung wird die Bewirtschaftung der Bundeswasserstraßen notwendig. Dies erfolgt mithilfe von Pumpen (befüllen) und Entlastungsleitungen (entleeren), die den Sollwasserstand eines Beckens regulieren. Jener Sollwasserstand schwankt zwischen dem oberen Bemessungswasserstand (OBW) und unteren Bemessungswasserstand (UBW).

Sie stellen die maximalen Auslenkungen des Wasserspiegels für den gefahrlosen Betrieb des Schiffverkehres dar. Die Einhaltung des Sollwasserstandes wird halbautomatisch durch die dem jeweiligen Kanal zugehörige Außenstelle der GDWS gesteuert und kann je nach Beckenlänge und Schwingungszustand nur temporär verzögert stattfinden. Aus diesen Gründen kann es kurzzeitig zu einer Über- bzw. Unterschreitung des UBW/OBW an den jeweiligen Messpunkten kommen (siehe Abb. 4.4). Zur Bestimmung der Kapazität der Bundeswasserstraßen wurde die Annahme getroffen, dass eine Speicherlamelle zur Verfügung steht, die das vorhandene Toleranzband (h_T) vollständig belegt. Sollte ein Gesamtoptimierungsprogramm, welches Schiffbarkeit und Energiespeicherung verbindet, eingeführt werden, besteht die Möglichkeit, die Speicherlamelle anzupassen. Vorstellbar

[25] Damals noch WSD Mitte.
[26] Koch (2012).

sind unter Berücksichtigung von Pegelschwankungen und bisheriger Betriebsweise, gemäß Expertenmeinungen aus der GDWS, Begrenzungen auf 50 % dieser Lamelle (h_S).

Auf Grundlage einer gezielten Sichtung der Planfeststellungsunterlagen des Schiffshebewerks Scharnebeck und der Schleusen in Uelzen soll zunächst ermittelt werden, wie groß das Toleranzband (h_T) ist. Hinsichtlich des UBW lässt sich auf Grundlage der partiellen Sichtung der Planfeststellungsunterlagen sagen, dass der Kanalhaltungswasserspiegel in der Haltung Geesthacht bei NN + 4 m[27] in der mittleren Haltung bei NN + 42 m[28] und in der oberen Haltung bei NN + 65 m[29] liegt (vgl. auch Abb. 4.4). Hinsichtlich des OBW lässt sich auf Grundlage der partiellen Sichtung der Planfeststellungsunterlagen sagen, dass der angespannte Wasserspiegel 0,5 m über dem Haltungswasserspiegel liegen darf[30] und Bauwerke/Kunstbauwerke erst 5,25 m über dem angespannten Wasserspiegel beginnen dürfen.[31] Zwischen den Angaben des Kanalhaltungswasserspiegels und dem angespannten Wasserspiegel liegen demnach 0,5 m. Dabei handelt es sich um den Grenzwasserstand, der im regulären Betrieb nicht angesteuert werden darf. Gemäß Auskunft der WSV liegen die Betriebslamellen bei ca. 50 % dieses Werts (Mittlere Haltung: 25 cm, Scheitelhaltung: 20 cm).

3.1.4 Zwischenergebnis

Da weder ein Neubau, Ausbau oder eine Unterhaltung einer Bundeswasserstraße i. S. d. §§ 7 ff. WaStrG vorliegt, kann nicht auf die besonderen Wirkungen der §§§ 75 Abs. 1 VwVfG, § 12 Abs. 6 WaStrG und 7 Abs. 3 WaStrG zurückgegriffen werden. Es ist daher eine reguläre ssG i. S .d. § 31 Abs. 1 WaStrG einzuholen. Diese dürfte laut Aussage der GDWS und nach einer partiellen Auswertung der Planfeststellungsunterlagen erteilt werden können. Die ssG würde jedoch keinerlei Konzentrationswirkung entfalten, sodass der Betreiber selbst zu prüfen hat, inwieweit andere Genehmigungen und Erlaubnisse zur Umsetzung der Varianten 1 bis 8 nötig sind (siehe dazu unten).

[27] Wasser- und Schifffahrtsdirektion Hamburg, Unterlagen zum Planfeststellungsverfahren ESK: 6.1 Erläuterungen, S. 3; 6.4 Übersichtsplan 1 : 100.000, 10.1 Erläuterungen, S. 3.

[28] Wasser- und Schifffahrtsdirektion Hamburg, Unterlagen zum Planfeststellungsverfahren ESK: 6.1 Erläuterungen, S. 2, 10; 6.4 Übersichtsplan 1 : 100.000; 10.1 Erläuterungen, S. 2, 10.

[29] Wasser- und Schifffahrtsdirektion Hamburg, Unterlagen zum Planfeststellungsverfahren ESK: 6.1 Erläuterungen, S. 10; 6.4 Übersichtsplan 1 : 100.000; 6.2 Bauwerksverzeichnis, S. 7; 10.1 Erläuterungen, S. 15.

[30] Wasser- und Schifffahrtsdirektion Hamburg, Unterlagen zum Planfeststellungsverfahren ESK: 6.1 Erläuterungen, S. 4; 10.1 Erläuterungen, S. 4.

[31] Wasser- und Schifffahrtsdirektion Hamburg, Unterlagen zum Planfeststellungsverfahren ESK: 6.1 Erläuterungen, S. 4; 10.1 Erläuterungen, S. 4.

3.2 Wasserhaushaltsrechtlicher Rahmen für Pumpspeicher im Elbe-Seitenkanal

3.2.1 Gewässerausbau

Gemäß § 68 Abs. 1 WHG bedarf ein Gewässerausbau der Planfeststellung durch die zuständige Behörde. Fraglich ist daher einerseits, ob die bundesrechtliche Vorschrift des § 68 WHG auf den eingangs beschriebenen Sachverhalt anwendbar ist, und andererseits ist fraglich, ob es sich bei einer der Aus- und Umbauvarianten um einen Gewässerausbau i. S. d. § 68 WHG handeln könnte.

3.2.1.1 Anwendbarkeit des § 68 WHG

Zu prüfen ist an dieser Stelle, ob die bundesrechtliche Vorschrift des § 68 WHG gegebenenfalls durch Regelungen der Länder verdrängt wird. Die Länder dürfen gemäß Art. 72 Abs. 3 Satz 1 Nr. 5 GG wasserhaushaltsrechtliche Regelungen erlassen, die von den bundesgesetzlichen Vorschriften abweichen. Diese Abweichungsbefugnis der Länder gilt jedoch nicht, wenn die bundesgesetzlichen Regelungen stoff- oder anlagenbezogen sind.[32] Anlagenbezogen ist eine Regelung, die die von Anlagen ausgehenden Einwirkungen auf den Wasserhaushalt betreffen.[33] Insoweit es hier um eine Umsetzung der Umbauvarianten 1 bis 8 geht, wäre § 68 WHG ausschließlich als anlagenbezogene Regelung anzuwenden. Es besteht insofern keine Abweichungsbefugnis der Länder und § 68 WHG ist anwendbar.

3.2.1.2 Gewässerausbau i. S. d. § 68 Abs. 1 WHG

Würde es sich bei den Umbauvarianten 1 bis 8 um einen Gewässerausbau i. S. d. § 68 Abs. 1 WHG handeln, so wäre gemäß § 68 Abs. 1 WHG ein Planfeststellungsverfahren i. S. d. §§ 72 ff. VwVfG durchzuführen. Ein Gewässerausbau ist gemäß der Legaldefinition in § 67 Abs. 2 Satz 1 WHG die Herstellung, Beseitigung und die wesentliche Umgestaltung eines Gewässers und seiner Ufer. Wie oben festgestellt, handelt es sich beim Elbe-Seitenkanal um ein oberirdisches Gewässer i. S. d. § 3 Nr. 1 WHG und daher um ein Gewässer i. S. d. § 67 Abs. 2 Satz 1 WHG.[34] Da bei den in Variante 1 bis 8 angedachten Modifikationen der Schleusen in Uelzen und des Schiffshebewerks in Scharnebeck die Landfläche zwischen Uferlinie und Böschungsoberkante nicht betroffen wäre, sondern lediglich Flächen betroffen wären, die weder Gewässer noch Ufer sind, kommt eine Herstellung, Beseitigung oder wesentliche Umgestaltung des Ufers eines Gewässers von vornherein nicht in Betracht.[35] Fraglich ist allein, ob die Umbauvarianten 1 bis 8

[32] Maus (2011, § 68 Rn. 66).
[33] Sannwald (2014, Art. 72 Rn. 80p).
[34] Zu den Gründen aufgrund derer sich § 67 Abs. 2 WHG allein auf oberirdische Gewässer bezieht: Maus (2011, § 67 Rn. 29 ff.).
[35] Detaillierter zu angrenzenden Flächen, die weder Gewässer noch Ufer sind, wie bspw. Hafenanlagen: Maus (2011, § 67 Rn. 42).

eine Herstellung, Beseitigung oder wesentliche Umgestaltung eines Gewässers darstellen können. Da die Herstellung eine erstmalige Schaffung eines Gewässers und seiner Ufer erfordert und die Umbauvarianten 1 bis 8 lediglich auf den bestehenden Elbe-Seitenkanal als oberirdisches Gewässer zurückgreifen, wird eine solche nicht verwirklicht werden.[36] Da die Umbauvarianten 1 bis 8 darüber hinaus auch keine Auswirkungen erwarten lassen, die zu einem Verlust der Gewässereigenschaft des Elbe-Seitenkanals führen würden, kann die Beseitigung eines Gewässers i. S. d. § 67 Abs. 2 Satz 1 WHG ausgeschlossen werden.[37] Anders könnte dies in Bezug auf die wesentliche Umgestaltung eines Gewässers oder seines Ufers sein. Eine wesentliche Umgestaltung liegt dann vor, wenn „der Zustand des Gewässers oder des Ufers in einer für den Wasserhaushalt, also insbesondere für den Wasserstand, den Wasserabfluss und das Selbstreinigungsvermögen, für die Schifffahrt, für die Fischerei oder in sonstiger Hinsicht, z. B. durch das äußere Bild, bedeutsamen Weise geändert wird."[38] Abzugrenzen ist eine wesentliche Umgestaltung insbesondere von einer Gewässerunterhaltung und einer bloßen Gewässerbenutzung. Eine Gewässerunterhaltung läge vor, wenn die Maßnahme der Erhaltung eines ordnungsgemäßen Gewässerzustandes dient oder die ökologische Funktionsfähigkeit fördert und dabei unwesentlich ist sowie offensichtlich nicht ins Gewicht fällt.[39] Eine bloße Gewässerbenutzung läge hingegen vor, wenn die Einwirkung auf das Gewässer grundsätzlich widerruflich und/oder befristet ist.[40] Die Rechtsprechung neigt außerdem „im Interesse einer effektiven Ordnung des Wasserhaushalts zu einer weiten Auslegung des Begriffs der ‚wesentlichen' Umgestaltung"[41], sodass die Grenzen einer Gewässerunterhaltung und einer bloßen Gewässerbenutzung entsprechend schnell überschritten sind und eine wesentliche Umgestaltung vorliegt. „Nur unerhebliche und offensichtlich nicht ins Gewicht fallende Umgestaltungen sollen keinen Gewässerausbau darstellen."[42] Von den skizzierten möglichen Pumpspeicherkonstruktionen werden sowohl die bestehenden Kanalbecken als auch die bestehenden Pumpen genutzt. Auch wird durch die bestehenden Entlastungsleitungen heute schon Wasser aus den oberen Becken in die unteren Becken abgelassen, sodass es insofern zu keiner Neuerung durch die Umbauvarianten kommt. Änderungen an den Pumpen könnten daher ggf. als Gewässerunterhaltung oder Gewässerbenutzung eingeordnet werden. Gegen eine solche Einordnung der Varianten 1 bis 8 spricht, dass in allen Umbauvarianten eine Turbinierfunktion neu hinzugefügt wird und ein Turbinieren von Wasser wohl anders zu bewerten ist als ein Ablassen von Wasser durch die Entlastungsleitungen. Durch die Turbiniervorgänge wird zwar das zwischen maximal und minimal zulässigem Wasserstand befindliche Toleranzband (h_T) eingehalten. Allerdings kann der Wasserstand

[36] Zum Kriterium der Herstellung: Maus (2011, § 67 Rn. 45).
[37] Zum Kriterium der Beseitigung: Maus (2011, § 67 Rn. 45).
[38] Unter Verweis auf OVG Schleswig, Urt. v. 01.07.1997 – 2 L 101/94, ZfW 1998, 509 (512): Maus (2011, § 67 Rn. 49).
[39] Zur Abgrenzung des Gewässerausbaus von der Gewässerunterhaltung: Maus (2011, § 67 Rn. 53).
[40] Zur Abgrenzung des Gewässerausbaus von Gewässerbenutzung: Maus (2011, § 67 Rn. 53).
[41] Unter Verweis auf Guckelsberger, NuR 2003, S. 469, 470: Maus (2011, § 67 Rn. 49).
[42] Maus (2011, § 67 Rn. 49).

innerhalb dieses Toleranzbands (h_T) je nach Nutzungsvariante häufiger durch Pump- und Turbiniervorgänge verändert werden, als dies zurzeit für den Betrieb der Abstiegswerke in Uelzen und Scharnebeck üblich ist. Insbesondere in Bezug auf den Wasserstand werden sich die Umbauvarianten 1 bis 8 daher auswirken. Dies soll auch nicht nur vorübergehend geschehen, sondern der neue Dauerzustand im Elbe-Seitenkanal werden. Aufgrund dessen kann eine bloße Gewässerbenutzung hierin nicht gesehen werden. In Anbetracht der weiten Auslegung des Begriffs *der wesentlichen Umgestaltung* durch die Rechtsprechung, ist von einer eben solchen auszugehen. Dieses Ergebnis überzeugt auch mit Blick auf das Urteil des VGH München vom 06.12.1977, in welchem dieser in der Überbauung eines Baches auf einer Strecke von lediglich 10 m bereits eine wesentliche Umgestaltung eines Gewässers aufgrund der wesentlichen Veränderung des äußeren Bildes gegeben sah.[43] Bei der vorliegenden Wertung wird ein ähnlich strenger Maßstab an Änderungen des Wasserstandes angelegt. Der Bau einer der Varianten 1 bis 8 macht folglich gemäß §§ 68 Abs. 1 i. V. m. 67 Abs. 2 Satz 1 WHG die Durchführung eines Planfeststellungsverfahrens i. S. d. §§ 72 ff. VwVfG erforderlich.

Darüber hinaus könnten in den Varianten 7 und 8 wesentliche Umgestaltungen des Ufers erforderlich werden (vgl. dazu Abb. 4.5). Dies war insbesondere in dem ähnlich gelagerten Fall des Wasserkraftwerks in Bremen angenommen worden, welches an der bereits zuvor bestehenden Staustufe Bremen-Hemelingen errichtet werden soll.[44] Ob eine wesentliche Umgestaltung des Ufers auch durch die Umbauvariante 7 erfüllt würde, kann an dieser Stelle insoweit dahinstehen, als dass bereits die wesentliche Umgestaltung eines Gewässers verwirklicht wird.

Sofern die zuständige Behörde, hier das NLWKN, nach einer allgemeinen Vorprüfung des Einzelfalls[45] zu dem Ergebnis kommt, dass das Vorhaben nicht UVP-pflichtig ist[46], kann gem. § 68 Abs. 2 S. 1 WHG anstelle eines Planfeststellungsbeschlusses eine Plangenehmigung erteilt werden.

3.2.1.3 Zuständige Behörde

Zuständige Behörde für die Planfeststellung des Gewässerausbaus gem. § 68 WHG ist für den Elbe-Seitenkanal das NLWKN. Als Binnenwasserstraße im Sinne von § 1 Abs. 1 Nr. 1 i. V. m. Anlage 1, Nr. 16 WaStrG ist der Elbe-Seitenkanal ein Gewässer erster Ordnung im Sinne des § 38 NWG, für das bei Entscheidungen und Regelungen nach den §§ 68 bis 70 WHG für den Gewässerausbau gem. § 1 Nr. 6 Buchst. a), Doppelbuchst. bb) der niedersächsischen Verordnung über Zuständigkeiten auf dem Gebiet des Wasserrechts (ZustVO-Wasser) v. 10.3.2011 der Landesbetrieb für Wasserwirtschaft, Küsten- und Naturschutz

[43] VGH München, Urt. v. 06.12.1977 – 228 VIII 74 – juris.

[44] OVG Bremen, Urt. v. 04.06.2009 – 1 A 9/09 – juris.

[45] Diese ist nach Ziffer 13.14 der Anlage 1 zum UVPG bei der Errichtung und dem Betrieb einer Wasserkraftanlage aufzunehmen.

[46] Vgl. Kotulla (2011, § 68, Rn. 13): Die einer allgemeinen Vorprüfung des Einzelfalls gem. § 3c UVPG unterliegenden Vorhaben sind nur dann tatsächlich UVP-pflichtig, wenn erhebliche nachteilige Vorhaben mit ihnen verbunden wären.

zuständig ist. Weitere Behörden, deren Aufgabenbereich durch das Vorhaben berührt wird, sind von der Planfeststellungsbehörde nach Maßgabe der § 73 Abs. 2 VwVfG i. V. m. § 109 Abs. 3 S. 2 NWG zu beteiligen.

3.2.1.4 Voraussetzungen der Planfeststellung/-genehmigung

Gemäß § 68 Abs. 3 WHG darf der Plan nur festgestellt oder genehmigt werden, wenn eine Beeinträchtigung der in Nr. 1 genannten Belange nicht zu erwarten ist und die in Nr. 2 genannten anderen Anforderungen nach dem WHG und sonstigen öffentlich-rechtlichen Vorschriften erfüllt werden. Darüber hinaus ist aufgrund der weitreichenden Wirkungen einer Planfeststellung eine Planrechtfertigung erforderlich.[47] Das Erfordernis einer Planrechtfertigung ist letztlich schon dann zu bejahen, wenn das Vorhaben vernünftigerweise geboten ist.[48] In Anbetracht der Herausforderungen einer dezentralen Energiewende[49] und der Möglichkeit den Pumpspeicher auf den Regelleistungsmärkten zur Frequenzstabilisierung einzusetzen[50], dürfte eine solche Planrechtfertigung gegeben sein. Dass die in Nr. 1 genannten Belange[51] durch eine der Varianten 1 bis 8 beeinträchtigt werden könnte, ist zum jetzigen Zeitpunkt nicht ersichtlich, sodass insofern einer Plangenehmigung nichts entgegenstünde. Die Vereinbarkeit des Plans mit darüberhinausgehenden wasserrechtlichen Anforderungen und sonstigen öffentlich-rechtlichen Vorschriften wird nachstehend weitgehend erörtert.

3.2.1.4.1 Gemäß § 68 Abs. 3 Nr. 2, 1. Alt WHG zu erfüllende andere Anforderungen des WHG

Wasserkraftnutzung und Fischschutz – § 35 Abs. 1 WHG

§ 35 WHG ist als bindende Zulässigkeitsvoraussetzung der nach § 68 Abs. 3 WHG grundsätzlich im wasserbehördlichen Ermessen stehenden Entscheidung vorgeschaltet.[52] Gemäß § 35 Abs. 1 WHG darf die Nutzung von Wasserkraft nur zugelassen werden, wenn auch geeignete Maßnahmen zum Schutz der Fischpopulation ergriffen werden. Die Regelung lässt offen „auf welche Weise und zu welchem Zweck die Wasserkraft verwendet wird."[53] Pumpspeicher fallen demnach ebenso unter den Begriff der Wasserkraftnutzung wie Laufwasserkraftwerke, Mühlen und Sägewerke.[54] Da bei den Varianten 1 bis 8 das aus dem unteren Becken hochgepumpte Wasser anschließend wieder herabgelassen und turbiniert werden soll, handelt es sich um Wasserkraftnutzungen i. S. d. § 35 Abs. 1 WHG. Dementsprechend müssen gemäß § 35 Abs. 1 WHG geeignete Maßnahmen zum Schutz

[47] Maus (2011, § 68 Rn. 50 ff.).
[48] Maus (2011, § 68 Rn. 50 ff.).
[49] Siehe dazu m. w. N.: Krappel (2012, S. 113 ff.).
[50] Siehe hierzu die Ausführungen in Kap. 4.
[51] Zu in § 68 Abs. 3 Nr. 1 WHG genannten Belangen: Maus (2011, § 68 Rn. 58 ff.).
[52] Czychowski und Reinhardt (2014, § 35 Rn. 6).
[53] Niesen (2011, § 35 Rn. 7).
[54] Czychowski und Reinhardt (2014, § 35 Rn. 6).

der Fischpopulation ergriffen werden. „Eine Maßnahme ist dann geeignet, wenn sie sicherstellt, dass die Reproduzierbarkeit der Arten bei einer Wasserkraftnutzung gewährleistet bleibt (Populationsschutz).“[55] Die Norm zielt also nicht auf einen Individualschutz der einzelnen Fische, sondern vielmehr auf die Reproduzierbarkeit der dort zu findenden Arten. Dabei ist im Sinne einer systematischen Auslegung der Norm die gemäß §§ 27–31 WHG vorgeschriebene Erreichung der Bewirtschaftungsziele zu beachten.[56] Auch ist zu beachten, auf welche konkrete Art und Weise sich die Wasserkraftnutzung negativ auf die Fischfauna auswirkt.[57] Da bei den Varianten 1 bis 8 die oben benannte Speicherlamelle (h_S) einzuhalten ist, kann eine auftretende Niedrigwasserführung oder gar Trockenlegung[58] ausgeschlossen werden. Auch ist nicht zu erwarten, dass durch die Varianten 1 bis 8 die Durchgängigkeit des Gewässers[59] vermindert würde. Nicht auszuschließen ist allerdings, dass durch das in Variante 1 bis 8 geplante Turbinieren des Wassers[60] die Fischfauna negativ beeinträchtigt wird. „Der Anlagenbetrieb ist derart auszugestalten, dass Fische nicht in die Turbinenanlage geraten und dort verletzt oder getötet werden. Die unmittelbaren Mortalitätsraten können im Bereich von 5–40 % liegen. Die Schädigungsraten der die Turbinen passierenden Fische sind abhängig von der Turbinenbauart und -größe, dem Betriebszustand der Maschine [...] und der Fischart und -größe.“[61] Neben der vergleichsweise kleinen Größe der Turbinen bzw. Pumpturbinen in Variante 1 bis 8 sind insbesondere auch die eingangs erwähnten Bewirtschaftungsziele nach §§ 27–31 WHG bei der Bestimmung der i. S. d. § 35 Abs. 1 WHG geeigneten Schutzmaßnahmen zu beachten. Im Niedersächsischen Beitrag für den Bewirtschaftungsplander Flussgebietsgemeinschaft Elbe nach Art. 13 der EG-Wasserrahmenrichtlinie bzw. nach § 184a des Niedersächsischen Wassergesetzes[62] wird der Elbe-Seitenkanal nicht nur als künstliches Gewässer i. S. d. §§ 3 Nr. 4 und 27 Abs. 2 WHG ausgewiesen, sondern darüber hinaus das ökologische Potential des Elbe-Seitenkanals lediglich als *mäßig* beschrieben.

Wie aus Abb. 3.2 ersichtlich, wurde für den Elbe-Seitenkanal die Frist zur Erreichung des nach § 27 Abs. 2 WHG anzustrebenden guten ökologischen Potentials und guten chemischen Zustands gem. Art. 4 Abs. 4 EG-WRRL, § 29 Abs. 2 u. 3 WHG für einen Zeitraum von höchstens zweimal sechs Jahren bis spätestens 22.12.2027 verlängert. Derzeit wird eine Zustandsbewertung der Gewässerqualität durchgeführt, die am 22.12.2014 im neuen Bewirtschaftungsplan veröffentlicht wird. Aufgrund der dort festgestellten Ergebnisse könnte sich bereits entscheiden, ob die Frist zur Erreichung des guten Zustands über den 22.12.2021 (erstmalige Fristverlängerung) oder den 22.12.2027 (zweite Fristverlän-

[55] Vgl. m. w. N.: Niesen (2011, § 35 Rn. 8).
[56] Czychowski und Reinhardt (2014, § 35 Rn. 7 f.).
[57] Niesen (2011, § 35 Rn. 11).
[58] Vgl. dazu: Niesen (2011, § 35 Rn. 12).
[59] Vgl. dazu: Niesen (2011, § 35 Rn. 12).
[60] Vgl. dazu: Niesen (2011, § 35 Rn. 12).
[61] Niesen (2011, § 35 Rn. 19).
[62] NLWKN (2013).

WK-Name	HMWB	Grund	AWB	ÖZ	ÖP	Con	CZ	FV ÖZ/P			WSZ ÖZ/P		FV CZ			WSZ CZ	
								TD	UK	NG	TD	UK	TD	UK	NG	TD	UK
Gerdau (Mittellauf)	N		N	2	-	M	1	-	-	-	-	-	-	-	-	-	-
Schwienau (Unterlauf)	Y	e10,e12	N	-	5	M	1	x	-	x	-	-	-	-	-	-	-
Schwienau (Oberl.),Wriedeler B., Oechtringer B.,Schliepbach	Y	e5,e10,e12	N	-	5	M	1	x	-	x	-	-	-	-	-	-	-
Ilmenau (Uelzen - Lüneburg)	Y	e5,e8,e10,e12,e13	N	-	3	M	1	x	-	x	-	-	-	-	-	-	-
Pattenser Graben	Y	e8,e9,e10,e12,e13	N	-	4	M	1	x	-	x	-	-	-	-	-	-	-
Elbe-Seitenkanal (Elbe bis Schiffshebewerk Scharnebeck)	N		Y	-	3	M	2	x	-	x	-	-	-	-	-	-	-
Elbe-Seitenkanal (Schiffshebewerk Scharne-beck bis Schleuse Uelzen)	N		Y	-	3	M	2	x	-	x	-	-	-	-	-	-	-
Elbe-Seitenkanal (Schleuse Uelzen bis Ein-mündung in den Mittellandkanal)	N		Y	-	3	M	2	x	-	x	-	-	-	-	-	-	-

Abb. 3.2 Auszug bzgl. des Elbe-Seitenkanals – Anhang A des niedersächsischen Beitrags zum Bewirtschaftungsplan der FGG Elbe, S. 114. *AWB* künstliches Gewässer; *ÖP* ökologisches Potential, *CZ* chemischer Zustand, *FV ÖZ/P* Fristverlängerung zur Erreichung des ökologischen Potentials, *TD*: technische Durchführbarkeit, *NG* natürlichen Gegebenheiten

gerung) hinaus verlängert wird (s. § 29 Abs. 3 S. 2 WHG).[63] Über die Fristverlängerungen hinaus käme, sofern sich der Zustand verschlechtert, evtl. auch die Gewährung einer Ausnahme nach §§ 30, 31 WHG in Betracht. Diese Normen nennen hohe und eng auszulegende Voraussetzungen, bei deren Vorliegen vom Erreichen der Bewirtschaftungsziele nach den §§ 27 und 30 WHG abgewichen werden darf.[64] Die Entscheidung hierüber setzt insbesondere eine politisch motivierte Abwägung voraus, die an dieser Stelle nicht vorweggenommen werden kann. Zuständig für die Entscheidung über Ausnahmen nach §§ 30, 31 Abs. 2 WHG ist, da diese im Rahmen der Bewirtschaftungspläne getroffen werden, nach § 6 Nds. ZustVO-Wasser i. V. m. § 118 NWG i. V. m. § 83 Abs. 2 Nr. 3 WHG das niedersächsische Fachministerium für Umwelt, Energie und Klimaschutz.

Inwieweit der Betrieb des Pumpspeicherwerks, auch unter Berücksichtigung der (möglicherweise noch weiter zu verlängernden) Fristen zur Erreichung des guten Zustands, sich nachteilig auf die Fischpopulationen auswirken würden und damit entsprechend der Vorgabe des § 35 Abs. 1 WHG geeignete Maßnahmen zum Schutz der Fischpopulationen zu ergreifen wären, hängt maßgeblich davon ab, welche Turbinen konkret verbaut werden sollen. Grundsätzlich wurde in Hintergrundgesprächen angedeutet, dass aufgrund der ohnehin vorliegenden Beeinflussungen der Fischfauna durch die Pumpen der Abstiegsanlagen in Uelzen und Scharnebeck und dem nur mäßigen ökologischen Potential des Elbe-Seitenkanals keine allzu hohen Anforderungen an den Fischschutz zu stellen seien. Genauere Vorgaben zu den zu ergreifenden Schutzmaßnahmen sind von der gewählten Ausführungsvariante des Pumpspeicherwerks abhängig und wären im Rahmen eines Fachgutachtens abschließend zu untersuchen.

Hinzuweisen ist in diesem Zusammenhang auf § 35 Abs. 3 WHG, demzufolge die zuständige Behörde prüft, ob an Staustufen und sonstigen Querverbauungen, die am

[63] Telefonische Auskunft des NLWKN v. 21.08.2013.

[64] Nähere Ausführungen insb. bei Reuter (2013, S. 458, 466).

1. März 2010 bestehen und deren Rückbau zur Erreichung der Bewirtschaftungsziele nach Maßgabe der §§ 27 bis 31 auch langfristig nicht vorgesehen ist, eine Wasserkraftnutzung nach den Standortgegebenheiten möglich ist. Das Ergebnis der Prüfung wird der Öffentlichkeit in geeigneter Weise zugänglich gemacht. Nach der Gesetzesbegründung zielt diese Vorschrift darauf ab, „Impulse für den ökologisch sinnvollen Ausbau der Wasserkraftnutzung zu geben."[65] „Maßgeblich ist in diesem Zusammenhang die Zulassungsfähigkeit einer Wasserkraftnutzung im Hinblick auf die jeweiligen Standortgegebenheiten, wobei zu unterstellen ist, dass die anlagenbezogenen Anforderungen nach Abs. 1 erfüllt werden."[66] Nach Czychowski und Reinhardt (2014) verpflichtet diese bundesrechtliche Appellnorm die nach Landesrecht zuständigen Wasserbehörden, vorhandene Kapazitäten und Optionen für künftige Wasserkraftnutzungen zu ermitteln und durch Veröffentlichung ihrer Erkenntnisse die Anregung zu entsprechender Nutzung zu geben und so mittelbar einen Beitrag zur Steigerung des Anteils erneuerbarer Energien in Deutschland zu leisten.[67] Die Norm hält die Wasserbehörden der Länder zu einem entsprechenden Tätigwerden an. Ziel der Prüfung ist es, dem Berechtigten die tatsächliche Option der Energiegewinnung aus Wasserkraft aufzuzeigen und ihn zu veranlassen, über eine entsprechende Nutzung nachzudenken.[68] Mechanismen zur Kontrolle der in § 35 Abs. 3 WHG gestellten Aufgabe fehlen jedoch.[69] Die für den Elbe-Seitenkanal zuständige Behörde nach § 35 Abs. 3 WHG wäre das NLWKN[70]. Wie sich aus einem Telefonat mit dem NLWKN am 27.8.2013 ergab, wird die Norm dort – entgegen der soeben dargestellten Kommentarmeinung – nicht als entscheidungsunabhängiger Prüfauftrag verstanden. Ein Tätigwerden der Behörde wird vielmehr erst dann für erforderlich gehalten, wenn ein entsprechender Antrag auf Nutzung der Wasserkraft zur Entscheidung vorliegt. Ein Rechtsanspruch einer Pumpspeicherwerk-Betreibergesellschaft auf Prüfung der Voraussetzungen des § 35 Abs. 3 WHG besteht nicht. Zu empfehlen wäre es jedoch, dass die Betreibergesellschaft sich bei näherer Konkretisierung des Vorhabens wegen einer unterstützenden Prüfung, zu der das NLWKN gem. § 35 Abs. 3 WHG grundsätzlich verpflichtet ist, an das NLWKN unter Bezugnahme auf die in der Gesetzesbegründung und im Kommentar von Czychowski und Reinhardt (2014) vertretene Auffassung herantritt. Die Einschätzungen des NLWKN könnten wesentliche Rahmenbedingungen und damit die Investitionsbedingungen klarstellen.

---

[65] BT-Drs. 16/12275, S. 61; Czychowski und Reinhardt (2014, § 35 Rn. 16).

[66] BT-Drs. 16/12275, S. 61 f.

[67] Czychowski und Reinhardt (2014, § 35 Rn. 16).

[68] Czychowski und Reinhardt (2014, § 35 Rn. 19).

[69] Czychowski und Reinhardt (2014, § 35 Rn. 17): „Eine nach Ansicht des Bundes säumige Wasserwirtschaftsverwaltung in einem Verfahren gegen das Land nach Art. 93 Abs. 1 Nr. 3 GG vor dem BVerfG zur Ausführung zu zwingen, erscheint nicht nur praktisch untunlich, sondern schießt auch in der Sache über den bekundeten Willen des Bundes zur bloßen Impulsgesetzgebung deutlich hinaus.".

[70] S. § 1 Nr. 6 lit. d) Nds. ZustVO-Wasser v. 10.3.2011 i. V. m. § 1 Abs. 1 Nr. 1, Anlage 1, Nr. 16 WaStrG i. V. m. § 38 NWG.

Der anlagenbezogene § 35 WHG hat keinen abschließenden Charakter, sodass zusätzlich zu dessen Anforderungen auch alle weiteren bundes- sowie landesrechtlichen Bestimmungen eingehalten werden müssen.[71]

Verschlechterungsverbot und Verbesserungsgebot – § 27 Abs. 2 WHG

Gemäß § 27 Abs. 2 WHG sind künstliche Gewässer so zu bewirtschaften, dass eine Verschlechterung ihres ökologischen und ihres chemischen Potentials vermieden wird (Nr. 1) und ein gutes ökologisches Potential und ein guter chemischer Zustand erhalten oder erreicht werden (Nr. 2). Ein guter chemischer Zustand ist ausweislich der Anlage A des Bewirtschaftungsplans der FGG Elbe bereits erreicht. Es erscheint zumindest nicht ausgeschlossen, dass die Umbauvarianten 1 bis 8 der Erreichung eines guten ökologischen Potentials hinderlich sein könnten. In Hintergrundgesprächen wurde von Experten angedeutet, dass grundsätzlich keine Bedenken hinsichtlich einer weiteren Verschlechterung des ohnehin nur mäßigen ökologischen Potentials im Elbe-Seitenkanal zu befürchten seien. Ob und inwieweit durch die Varianten 1 bis 8 trotzdem eine starke Verschlechterung des ökologischen Potentials oder des chemischen Zustands im konkreten Fall zu befürchten wären, bedarf detaillierterer Untersuchungen der konkret zu verbauenden Turbinen und ihres eventuellen Einflusses auf die Klassenbezeichnung des Elbe-Seitenkanals.

Mindestwasserführung – § 33 WHG

Nach § 33 WHG[72] ist das Aufstauen eines oberirdischen Gewässers oder das Entnehmen oder Ableiten von Wasser aus einem oberirdischen Gewässer nur zulässig, wenn die Abflussmenge erhalten bleibt, die für das Gewässer und andere hiermit verbundene Gewässer erforderlich ist, um den Zielen des § 6 Abs. 1 und der §§ 27 bis 31 zu entsprechen (Mindestwasserführung). Das Entnehmen und Ableiten des Wassers durch das Pumpspeicherwerk würde jedenfalls das zwischen oberem Bemessungswasserstand und unterem Bemessungswasserstand liegende Toleranzband beachten und dürfte über die Speicherlamelle schon aus wasserstraßenrechtlichen Gründen nicht hinausgehen. Da der Wasserpegel des Elbe-Seitenkanals auch bei der derzeitigen Nutzung zulässigerweise bereits zwischen dem oberen und unteren Bemessungswasserstand schwankt, ist nicht ersichtlich, warum die Nutzung der Speicherlamelle, die sich innerhalb dieses Toleranzbandes befindet, gegen die grundsätzlich auch von der wasserstraßenrechtlichen Regulierung des Wasserstandes einzuhaltenden Vorgaben des § 33 WHG abweichen sollte. Der Betrieb des Pumpspeicherwerks würde im Hinblick auf die Mindestwasserführung des Elbe-Seitenkanals nicht über diejenigen Grenzen hinausgehen, die nicht auch bereits zulässigerweise für den Schleusenbetrieb durch die WSV definiert wurden. Das § 33 WHG immanente Verbot, oberirdische Gewässer über die Mindestwasserführung hinaus zu nutzen, würde bei dem zuvor beschriebenen Betrieb eines Pumpspeicherwerks, der sich innerhalb des Tole-

[71] Czychowski und Reinhardt (2014, § 35 Rn. 5).

[72] Die bundesrechtliche Vorschrift des § 33 WHG hat abschließenden Charakter. Die grundsätzlich bestehende Abweichungsmöglichkeit der Länder (s. dazu Riedel (2015, § 34 WHG, Rn. 9), wird von niedersächsischen Landesgesetzen (bislang) nicht ausgefüllt.

ranzbandes bewegt, nicht verletzt werden, sodass diese Bestimmung einer Planfeststellung nicht entgegenstünde.

Durchgängigkeit von Gewässern – § 34 WHG

Nach § 34 Abs. 1 WHG[73] darf die wesentliche Änderung und der Betrieb von Stauanlagen nur zugelassen werden, wenn durch geeignete Einrichtungen und Betriebsweisen die Durchgängigkeit des Gewässers erhalten oder wiederhergestellt wird, soweit dies erforderlich ist, um die Bewirtschaftungsziele nach Maßgabe der §§ 27 bis 31 zu erreichen. Nach dem hier zu Grunde gelegten Konzept würden die bestehenden Stauanlagen als solche nicht geändert, die bestimmungsgemäße Nutzung der Stauanlagen würde jedoch durch den Einbau der Turbinen erweitert und diese damit geändert werden. Für die Frage, inwieweit die Änderungen als *wesentlich* i. S. d. § 34 WHG einzuordnen sind, findet sich keine Konkretisierung im Wasserrecht, kann jedoch die Legaldefinition der wesentlichen Änderung gem. § 16 Abs. 1 BImSchG entsprechend angewandt werden: Die Änderung der Lage, der Beschaffenheit oder des Betriebs einer Stauanlage ist wesentlich, wenn durch die Änderung nachteilige Auswirkungen hervorgerufen werden können und diese für die Bewirtschaftungsziele der §§ 27–31 WHG erheblich sein können.[74] Entscheidend ist mithin die Frage, ob der Einbau der Turbinen die Durchgängigkeit des Elbe-Seitenkanals über die ohnehin bereits bestehenden Aufstauungen hinaus in einem Ausmaß beeinflusst, dass das Erreichen der Bewirtschaftungsziele der §§ 27–31 WHG gefährdet wird. Diese konkrete Beurteilung ist, wie zuvor bereits erörtert, abhängig von der konkreten Ausführungsvariante und wäre im Rahmen eines Fachgutachtens zu beraten.

Anforderungen an den Anlagenbetrieb im Allgemeinen – § 36 WHG i. V. m. §§ 49, 57 NWG

Nach § 36 S. 1 WHG sind Anlagen in, an, über und unter oberirdischen Gewässern so zu errichten, zu betreiben, zu unterhalten und stillzulegen, dass keine schädlichen Gewässerveränderungen zu erwarten sind und die Gewässerunterhaltung nicht mehr erschwert wird, als es den Umständen nach unvermeidbar ist. Anlagen in diesem Sinne sind insbesondere bauliche Anlagen wie Gebäude, Brücken, Stege, Unterführungen, Hafenanlagen und Anlegestellen (Nr. 1), Leitungsanlagen (Nr. 2) und Fähren (Nr. 3). Die im Zusammenhang mit der evtl. erforderlichen Errichtung von Anlagen (Pumpenhaus und/oder Leitungsanlagen) und dem Betrieb des Pumpspeicherwerks verbundenen Gewässerveränderungen sind ebenfalls im Rahmen eines Fachgutachtens zu untersuchen und ggfs. auf das unvermeidbare Ausmaß zu reduzieren.

Nach § 36 S. 2 WHG gelten im Übrigen die landesrechtlichen Vorschriften. Zu beachten wären hier die Anforderungen der §§ 49 und 57 NWG, die dem Projekt jedoch nicht entgegenstünden: Die von § 49 NWG verlangte Anforderung, aufgestautes Wasser

[73] § 34 WHG ist als abschließende Regelung neben § 35 WHG zu beachten. Eine Abweichungsbefugnis durch die Länder besteht nicht, s. Riedel (2015, § 34 WHG, Rn. 5).
[74] Riedel (2015, § 34 WHG, Rn. 14).

nicht so abzulassen, dass Gefahren oder Nachteile für fremde Grundstücke oder Anlagen entstehen oder die Ausübung von Wasserbenutzungsrechten und -befugnissen beeinträchtigt wird, würde durch den Betrieb des Pumpspeicherwerks nicht verletzt werden. Einer zusätzlichen Genehmigung der Wasserbehörde nach § 57 Abs. 1 NWG bedarf es wegen der Planfeststellungsbedürftigkeit des Gewässerausbaus und der erlaubnispflichtigen Gewässerbenutzung nicht. (Wohl aber, wie sogleich noch dargestellt wird, einer wasserrechtlichen Gestattung nach dem WHG.)

Anforderungen an den Wasserabfluss – § 37 WHG

Die Anforderungen des § 37 WHG zum natürlichen Ablauf wild abfließenden Wassers sind für das Projekt nicht von Bedeutung, da bei dem Elbe-Seitenkanal samt der bereits bestehenden Stauanlagen kein wild abfließendes Wasser natürlich abläuft. *Wild abfließend* ist Wasser immer dann, wenn es dem natürlichen Gefälle folgend außerhalb eines Gewässerbettes abfließt.[75] Abweichende Länderregelungen sind nicht getroffen worden.

3.2.1.4.2 Gem. § 68 Abs. 3 Nr. 2, 2. Alt WHG zu erfüllende Anforderungen sonstiger öffentlich-rechtlicher Vorschriften

Zu beachten ist des Weiteren die Vereinbarkeit des festzustellenden Plans mit sonstigen öffentlichen-rechtlichen Vorschriften, hier insbesondere mit dem niedersächsischen Fischereigesetz[76] und allgemein umweltrechtlichen Vorgaben des BNatSchG, BImSchG und des UVPG.

Anforderungen des niedersächsischen Fischereigesetzes

Bei Erteilung einer Genehmigung nach dem Niedersächsischen Wassergesetz für die Errichtung einer Anlage zur Wasserentnahme oder eines Triebwerks soll die Wasserbehörde dem Unternehmer nach § 50 Nds. FischG auferlegen, durch geeignete Vorrichtungen das Eindringen von Fischen in den Ein- und Ausfluss zu verhindern. Zu solchen Vorrichtungen zählen beispielsweise eine möglichst geringe Einsauggeschwindigkeit, möglichst kleinmaschige Entnahmerechen, Scheuchsysteme oder ein den spezifischen Standortgegebenheiten angepasstes Fischrückführsystem.[77] Welche Vorrichtungen bei dem hier betrachteten Projekt geeignet wären, könnte im Rahmen des ohnehin erforderlichen Fachgutachtens betrachtet werden. Letztlich jedoch hat die Wasserbehörde einen Beurteilungsspielraum, welche Vorrichtungen sie verlangt.

Anforderungen der naturschutzrechtlichen Eingriffsregelung

Mit der Errichtung und dem Betrieb des Pumpspeicherwerks wird – ohne weitere Schutzmaßnahmen für Fische – in die Leistungs- und Funktionsfähigkeit des Naturhaushalts (hier: des Naturguts Wasser) eingegriffen, vgl. § 14 Abs. 1 BNatSchG. Auf der ersten Stufe der naturschutzrechtlichen Eingriffsregelung wird der Verursacher des Eingriffs gem.

[75] Riedel (2015, § 37 WHG, Rn. 4).

[76] Niedersächsisches Fischereigesetz (Nds. FischG) v. 1.2.1978.

[77] Schütte und Preuß (2012), NVwZ (2012, S. 535, 539).

§ 15 Abs. 1 BNatSchG dazu verpflichtet, vermeidbare Beeinträchtigungen von Natur und Landschaft zu unterlassen. Beeinträchtigungen sind dieser Norm zufolge vermeidbar, wenn zumutbare Alternativen, den mit dem Eingriff verfolgten Zweck am gleichen Ort ohne oder mit geringeren Beeinträchtigungen von Natur und Landschaft zu erreichen, gegeben sind. Soweit Beeinträchtigungen nicht vermieden werden können, ist dies zu begründen. Ohne weitere Schutzmaßnahmen wäre durch das Pumpen und Turbinieren des Wassers eine Gewässerbeeinträchtigung unvermeidbar. Das Ausmaß der Gewässerbeeinträchtigung wäre jedoch in Anbetracht des konkreten Gewässerzustands und der dort vorhandenen Fischpopulationen in einem Fachgutachten zu untersuchen.

Die zweite Stufe der naturschutzrechtlichen Eingriffsregelung verlangt gem. § 15 Abs. 2 BNatSchG unvermeidbare Beeinträchtigungen durch Maßnahmen des Naturschutzes und der Landschaftspflege auszugleichen (Ausgleichsmaßnahmen) oder zu ersetzen (Ersatzmaßnahmen). Ausgeglichen ist eine Beeinträchtigung nach § 15 Abs. 2 S. 2 BNatSchG, wenn und sobald die beeinträchtigten Funktionen des Naturhaushalts in gleichartiger Weise wiederhergestellt sind und das Landschaftsbild landschaftsgerecht wiederhergestellt oder neu gestaltet ist. Eine derartige Ausgleichsmaßnahme wäre insbesondere ein Fischweg. Die örtlichen Notwendigkeiten und Möglichkeiten zur Realisierung eines solchen Fischweges wären ebenfalls Gegenstand des einzuholenden Fachgutachtens.

Soweit auch die ergriffenen Ausgleichs- oder Ersatzmaßnahmen die Beeinträchtigung der Leistungs- und Funktionsfähigkeit nicht (vollständig) kompensieren, ist das Gewicht des nicht bereits kompensierten Eingriffs in die Natur mit den für das Pumpspeicherwerk sprechenden Belangen abzuwägen. Bei einem Überwiegen der ökologischen Belange wären der Eingriff und damit das Pumpspeicherwerk unzulässig. Da die Eingriffe jedoch – soweit erforderlich – durch einen Fischweg weitgehend ausgeglichen werden könnten und nicht nur einzelwirtschaftliche, sondern auch ökologische Interessen an der Energiespeicherung für das Pumpspeicherwerk sprechen, ist unwahrscheinlich, dass der Landkreis Lüneburg und der Landkreis Uelzen als zuständige Behörden[78] den Bau und Betrieb des Pumpspeicherwerks unter diesen Voraussetzungen als unzulässig ablehnen würden. Aber auch nach einer Abwägungsentscheidung, die zu Gunsten des Vorhabens getroffen wird, wäre für Beeinträchtigungen der Natur, die zuvor nicht kompensiert wurden bzw. werden konnten, eine Ersatzzahlung nach § 15 Abs. 6 BNatSchG zu zahlen.

Anforderungen nach dem BImSchG

Pumpspeicherwerke bzw. Wasserkraftwerke werden in der 4. BImSchV nicht aufgeführt, sind insofern nicht genehmigungsbedürftig gem. § 5, 6 BImSchG.[79] Zu beachten sind dennoch die Anforderungen an nicht genehmigungsbedürftige Anlagen gem. § 22 BImSchG: Diese sind so zu errichten und betreiben, dass schädliche Umwelteinwirkungen verhin-

[78] Mangels ausdrücklicher Zuweisung an das NLWKN nach der nds. ZustVO-Naturschutz, ist entsprechend der § 32 Abs. 1 S. 1 des Niedersächsischen Ausführungsgesetzes zum BNatSchG v. 19.2.2019 die untere Naturschutzbehörde zuständig.

[79] S. auch: Jarass (2014, § 22 Rn. 9).

dert werden, die nach dem Stand der Technik vermeidbar sind (Nr. 1), nach dem Stand der Technik unvermeidbare schädliche Umwelteinwirkungen auf ein Mindestmaß beschränkt werden (Nr. 2) und die beim Betrieb der Anlagen entstehenden Abfälle ordnungsgemäß beseitigt werden können (Nr. 3). Zu berücksichtigen sind hier insbesondere die Vorgaben der TA Lärm[80]. Die Immissionsrichtwerte der Nr. 6.1 für Immissionsorte außerhalb von Gebäuden richten sich nach der bauplanungsrechtlichen Gebietskategorie. Das Schiffshebewerk Scharnebeck liegt nach dem Flächennutzungsplan in einer Sonderbaufläche. Für die Schleusen I und II in Uelzen ist davon auszugehen, dass diese sich im Außenbereich befinden. Für Sonderbauflächen und Außenbereichsanlagen fehlen in der TA Lärm nähere Angaben. In der Regel kann die Einhaltung der Werte für Mischgebiete verlangt werden.[81] Maßgeblicher Immissionsort ist nach Nr. 2.3 TA Lärm der nach Nr. A.1.3 des Anhangs zu ermittelnde Ort im Einwirkungsbereich der Anlage, an dem eine Überschreitung der Immissionsrichtwerte am ehesten zu erwarten ist. Es ist derjenige Ort, für den die Geräuschbeurteilung nach der TA Lärm vorgenommen wird. Nach Nr. A.1.3. des Anhangs zur TA Lärm liegen die maßgeblichen Immissionsorte bei unbebauten Flächen oder bebauten Flächen, die keine Gebäude mit schutzbedürftigen Räumen enthalten, an dem am stärksten betroffenen Rand der Fläche, wo nach dem Bau- und Planungsrecht Gebäude mit schutzbedürftigen Räumen erstellt werden dürfen. An diesen in der Umgebung des Pumpspeicherwerks gelegenen Orten dürfen die von den eingesetzten Turbinen und Pumpen verursachten Immissionswerte gem. Nr. 6.1. lit. c) TA Lärm tagsüber 60 dB(A) und nachts 45 dB(A) nicht überschreiten.

Erforderlichkeit einer Umweltverträglichkeitsprüfung nach dem UVPG

Bei der Errichtung und dem Betrieb einer Wasserkraftanlage ist nach Ziffer 13.14 der Anlage 1 zum UVPG eine allgemeine Vorprüfung des Einzelfalls durchzuführen. Entsprechend der Vorgabe des § 3c UVPG ist in diesem Fall eine UVP durchzuführen, wenn das Vorhaben nach Einschätzung der zuständigen Behörde aufgrund überschlägiger Prüfung unter Berücksichtigung der in der Anlage 2 aufgeführten Kriterien erhebliche nachteilige Umweltauswirkungen haben kann, die nach § 12 zu berücksichtigen wären. Zu berücksichtigen ist bei den Vorprüfungen auch, inwieweit Umweltauswirkungen durch die vom Träger des Vorhabens vorgesehenen Vermeidungs- und Verminderungsmaßnahmen offensichtlich ausgeschlossen werden.

Die Frage, ob die Planfeststellungsbehörde im Rahmen der Vorprüfung nach § 3c UVPG zu dem Ergebnis kommt, dass eine Umweltverträglichkeitsprüfung als unselbständiger Teil des eigentlichen Planfeststellungsverfahrens durchzuführen ist, hängt maßgeblich davon ab, welche Ausführungsvariante gewählt werden soll. Zu Gunsten des Vorhabens und gegen die Notwendigkeit einer UVP könnte entsprechend der Beurteilungskriterien nach Anlage 2 zum UVPG der Standort des Vorhabens angeführt werden, da das Gebiet ökologisch nicht allzu empfindlich erscheint und das bzw. die Vorhaben mit dem

[80] Technische Anleitung zum Schutz gegen Lärm v. 26.8.1998.

[81] Jarass (2014, § 48 Rn. 20).

Schleusenbetrieb kumuliert werden (vgl. Ziff. 2.) Für die Durchführung einer UVP könnte insbesondere die mit dem wiederholten Pumpen und Turbinieren verbundene Dauer, Häufigkeit und Irreversibilität der Auswirkungen (vgl. Ziff. 3.5. der Anlage 2 zum UVPG) angeführt werden. Das bereits erwähnte Fachgutachten könnte hier nähere Rückschlüsse auf die Entscheidung der Planfeststellungsbehörde über die Erforderlichkeit der Durchführung einer UVP zulassen.

3.2.1.4.3 Zwischenergebnis

Die Errichtung eines Pumpspeicherwerks ist als Gewässerausbau i. S. d. § 68 Abs. 1 WHG zu werten. Erforderlich ist vor diesem Hintergrund eine Planfeststellung. Einzureichen wäre der Planfeststellungsantrag beim NLWKN als zuständiger Behörde. Im Rahmen des Planfeststellungsverfahrens sind umfangreiche Anforderungen nach dem WHG und sonstigen öffentlich-rechtlichen Vorschriften zu prüfen. Wie ausgeführt stehen von diesen öffentlich-rechtlichen Vorschriften die §§ 33, 37 WHG und § 36 WHG i. V. m. §§ 49, 57 WHG dem Vorhaben grundsätzlich nicht entgegen. Da bei den weiter zu beachtenden Vorschriften der §§ 35 Abs. 1, 27 Abs. 2, 34 WHG, § 14 f. BNatSchG und § 50 Nds. FischG spezifische gewässerökologische Rahmenbedingungen und daran anschließend evtl. Schutzmaßnahmen zu treffen wären, wären entsprechende gewässerökologische Fachgutachten mit Stellungnahmen zu ggfs. erforderlichen Schutzmaßnahmen einzuholen. Nach ersten informellen Rücksprachen und Einschätzungen fachkundiger Behördenmitarbeiter und Experten dürften die Anforderungen an ggfs. einzuhaltende Schutzmaßnahmen nicht unüberwindbar hoch gesteckt werden, da das ökologische Potential des Elbe-Seitenkanals nur als mäßig eingestuft wird. Einzubeziehen in die planfeststellungsbezogene Abwägungsentscheidung wäre u. U. ebenfalls eine Umweltverträglichkeitsprüfung, deren Durchführung allerdings im Ermessen des NLWKN als Planfeststellungsbehörde steht, die darüber nach einer allgemeinen Vorprüfung des Einzelfalls entscheidet. Immissionsschutzrechtlich dürfen die von den Turbinen und Pumpen ausgehenden Schallimmissionen an den zuvor bereits erwähnten maßgeblichen Immissionsorten nach Nr. A.1.3. des Anhangs zur TA Lärm i. V. m. Nr. 6.1. lit. c) TA Lärm tagsüber 60 dB(A) und nachts 45 dB(A) nicht überschreiten.

3.2.2 Gewässerbenutzung

Gemäß § 8 Abs. 1 WHG bedarf die Benutzung eines Gewässers der Erlaubnis oder der Bewilligung, soweit nicht durch oder auf Grundlage des WHG etwas anderes bestimmt ist. Gemäß § 9 Abs. 3 WHG sind Maßnahmen, die dem Ausbau eines Gewässers im Sinne des § 67 Abs. 2 dienen, keine Benutzungen. Da der *Betrieb* eines Pumpspeicherwerks jedoch *nicht* dem *Ausbau* eines Gewässers dient, ist regelmäßig neben der Planfeststellung/-genehmigung eine wasserrechtliche Erlaubnis oder Bewilligung erforderlich.[82] Dies liegt

[82] Siehe dazu: Krappel (2012, S. 122), Reuter (2013, S. 462).

insbesondere darin begründet, dass – wie bereits im Rahmen der wasserstraßenrechtlichen Ausführungen festgestellt wurde – die Pumpspeicherung eine Benutzung i. S. d. § 9 Abs. 1 Nr. 1, Nr. 2 und Nr. 4 WHG darstellt. Konkret stellen bei dem Betrieb des Pumpspeicherwerks sowohl die Entnahme von Wasser aus dem Oberbecken zum Antreiben der Turbinen (Wasserverlauf von *oben nach unten*), als auch die Entnahme von Wasser aus dem Unterbecken über die Pumpen und dessen Verbringung in das Oberbecken (Wasserverbringung von *unten nach oben* zur Erhöhung der Lageenergie des Wassers) eine Benutzung im Sinne des § 9 Abs. 1 Nr. 1 WHG dar. Die wasserrechtlichen Gestattungen würden wegen § 14 Abs. 1 Nr. 3 WHG hier *nur* in Form einer Erlaubnis erteilt werden können, die nach § 18 Abs. 1 WHG widerruflich sind.[83] Gemäß § 12 Abs. 1 WHG ist die Erlaubnis oder Bewilligung zu versagen, wenn schädliche, auch durch Nebenbestimmungen nicht vermeidbare oder nicht ausgleichbare Gewässerveränderungen zu erwarten sind (Nr. 1) oder andere Anforderungen nach öffentlich-rechtlichen Vorschriften nicht erfüllt werden (Nr. 2).[84] Auch hier werden § 35 Abs. 1 WHG und § 27 Abs. 2 WHG eine zentrale Rolle spielen. In Ermangelung einer Einschätzung der Auswirkungen der Varianten 1 bis 8 auf die Fischfauna und die Gewässergüte kann jedoch auch mit Blick auf die Erlaubnis oder Bewilligung keine genauere Aussage gemacht werden, als dies bereits im Rahmen der Ausführungen zur Planfeststellung/-genehmigung geschehen ist.

Die nach § 31 Abs. 1 Nr. 1 WaStrG erforderliche strom- und schifffahrtspolizeiliche Genehmigung (ssG) verfolgt mit der Sicherstellung des für die Schifffahrt oder für die Sicherheit und Leichtigkeit des Verkehrs erforderlichen unbeeinträchtigten Zustandes der Bundeswasserstraße ein anderes Ziel als eine wasserhaushaltsrechtliche Gestattung nach §§ 8, 9 WHG, die das grundsätzliche Ziel verfolgen, durch eine nachhaltige Gewässerbewirtschaftung die Gewässer als Bestandteil des Naturhaushalts, als Lebensgrundlage des Menschen, als Lebensraum für Tiere und Pflanzen sowie als nutzbares Gut zu schützen (vgl. § 1 WHG). Insofern ist davon auszugehen, dass sowohl eine ssG gem. § 31 Abs. 1 WaStrG als auch eine wasserrechtliche Gestattung gem. §§ 8, 9 WHG erforderlich sind.

Die Entscheidung über die Erteilung dieser Genehmigungen, auch der ssG, wäre im Zusammenhang mit dem Planfeststellungsverfahren gem. § 19 Abs. 1 WHG von der Planfeststellungsbehörde zu treffen. Die erforderlichen Genehmigungen wären insofern in das Planfeststellungsverfahren einkonzentriert.

Die Wasserentnahme zur Nutzung der Wasserkraft ist nach § 21 Abs. 2 Nr. 7 NWG nicht gebührenpflichtig. Es spricht viel dafür, den Vorgang des Pumpens, für den eine eigenständige Erlaubnis zu gewähren ist, gemeinsam mit dem Turbinieren des Wassers als einheitlichen Vorgang dieser Form der Wasserkraftnutzung zu verstehen. Das Pumpen wäre bei diesem sachverhaltszusammenhängenden Verständnis nicht wasserentnahmegebührenpflichtig. Bei strikter Trennung zwischen dem Pumpen und dem Turbinieren und einer Auslegung, dass das Pumpen nicht der Wasserkraftnutzung dient, könnte für die

[83] Reuter (2013, S. 466 m. w. Ausf.).

[84] Siehe dazu ausführlich: Schmid (2011, § 12 Rn. 7 ff.).

Wasserentnahmen zum Pumpen eine Wasserentnahmegebühr gem. §§ 21 Abs. 1, 22 NWG i. V. m. Nr. 2.3 der Anlage 2 in Höhe von 0,02045 €/m³ (Entnahme und das Ableiten von Wassern aus oberirdischen Gewässern zu sonstigen Zwecken) erhoben werden. In diesem Fall wären Bau und Betrieb des Pumpspeicherwerks jedoch nicht wirtschaftlich. Die Höhe der Wasserentnahmegebühr von 2 Cent/m³ legt nahe, dass der Landesgesetzgeber den Betrieb von Pumpspeicherwerken bei der Schaffung des Gebührentatbestandes „zu sonstigen Zwecken" nicht vor Augen hatte. In Sachsen, das die Wasserentnahmegebühr für die Nutzung der Wasserkraft 2013 als erstes Bundesland wieder eingeführt hat, werden nur 0,01 Cent/m³ erhoben[85]. In Schleswig-Holstein wurde die Oberflächenwasserabgabe (insbesondere im Hinblick auf das im Betrieb befindliche Pumpspeicherwerk in Geesthacht) für „Entnahmen, die ausschließlich der Wasserkraftnutzung dienen und bei denen das Wasser dem Gewässer wieder zugeführt wird" auf 0,077 Cent/m³ reduziert[86]. Wenn auch die niedersächsische Rechtslage eine Erhebung von Wasserentnahmegebühren für die Entnahme des Wassers aus dem Unterbecken zu Pumpzwecken nicht ausschließt, so ist insbesondere im Hinblick auf den vergleichsweise exorbitant hohen Gebührensatz davon auszugehen, dass die Entnahme von Wasser zu Pumpzwecken im Rahmen des Betriebs eines Pumpspeicherwerks nicht unter den Gebührentatbestand des § 21 Abs. 1 NWG fällt.

3.2.3 Zwischenergebnis

Die Entscheidung über die Erteilung der erforderlichen Genehmigungen nach § 31 WaStrG und § 8 WHG würde nach § 19 Abs. 1 WHG in das Planfeststellungsverfahren integriert werden. Die Erteilung insbesondere der wasserrechtlichen Gestattung ist materiell im Wesentlichen von den Ergebnissen eines gewässerökologischen Fachgutachtens sowie den evtl. zu treffenden Schutzmaßnahmen abhängig. Ein sachverhaltszusammenhängendes Verständnis vom kombinierten Turbinen- und Pumpbetrieb als gleichermaßen notwendigen Betriebsvorgängen der Wasserkraftnutzung im Elbe-Seitenkanal lässt die Gebührenpflicht für Wasserentnahmen gem. § 21 Abs. 2 Nr. 7 NWG entfallen. Ein enges Verständnis der Wasserkraftnutzung, das das Pumpen nicht umfasst, und die daran anschließende Wasserentnahmegebührenpflicht würden dagegen einer Inbetriebnahme des Pumpspeicherwerks aus wirtschaftlichen Gründen entgegenstehen.

[85] S. Nr. 10 d. Anlage 5 zum Sächsischen Wassergesetz.

[86] S. § 2 Abs. 2 Schleswig-Holsteinisches Oberflächenwasserabgabegesetz.

3.3 Energierechtlicher Rahmen für Pumpspeicher

3.3.1 Netzanschluss

Die Herstellung eines eigenen physischen Anschlusses zur Versorgung mit Strom – insbesondere der Pumpen – könnte aus technischer Sicht entbehrlich sein, da die vorhandenen und evtl. für das Pumpspeicherwerk gleichfalls einsetzbaren Pumpen bereits über einen Anschluss verfügen. Um allerdings abrechnungstechnisch genau differenzieren zu können, wie viel Strom seitens der GDWS zur Erfüllung der wasserstraßenrechtlichen Aufgaben und wie viel Strom seitens des Pumpspeicherwerks zur Stromspeicherung verbraucht wird, ist wohl die Herstellung eines weiteren, eigenen Anschlusses für den Betrieb des Pumpspeicherwerks oder der Einsatz einer hinsichtlich der Abrechnung gleichwertigen technischen Lösung erforderlich.

Sofern das Pumpspeicherwerk im Rahmen des virtuellen Kraftwerks EnERgioN ausschließlich mit Strom aus erneuerbaren Energien versorgt werden wird, besteht ein Anschluss des Speichers nach den §§ 8 Abs. 1 Satz 1 i. V. m. 5 Nr. 1 Satz 2 EEG. Der Netzbetreiber ist dann verpflichtet, den Speicher, der nach § 5 Nr. 1 Satz 2 EEG als Anlage zur Erzeugung von Strom aus erneuerbaren Energien gelten würde, unverzüglich vorrangig an das Netz anzuschließen. Gesetzlich bestimmter Netzverknüpfungspunkt ist die Stelle, die im Hinblick auf die Spannungsebene geeignet ist und die die in Luftlinie kürzeste Entfernung zum Standort der Anlage aufweist, wenn nicht ein anderes Netz einen technisch und wirtschaftlich günstigeren Verknüpfungspunkt aufweist, s. § 8 Abs. 1 S. 1 EEG.

Alternativ, insbesondere für den Fall, dass der Speicher nicht als Anlage zur Erzeugung von Strom aus erneuerbaren Energien gilt, weil nicht ausschließlich aus Erneuerbaren Energien stammende Energie zwischengespeichert wird, besteht ein allgemeiner energiewirtschaftsrechtlicher Anspruch auf Anschluss des Speichers aus § 17 Abs. 1 Satz 1 EnWG. Demnach haben Betreiber von Energieversorgungsnetzen u. a. Erzeugungs- und Speicheranlagen sowie Anlagen zur Speicherung elektrischer Energie zu technischen und wirtschaftlichen Bedingungen an ihr Netz anzuschließen, die angemessen, diskriminierungsfrei, transparent und nicht ungünstiger sind, als sie von den Betreibern der Energieversorgungsnetze in vergleichbaren Fällen für Leistungen innerhalb ihres Unternehmens oder gegenüber verbundenen oder assoziierten Unternehmen angewendet werden.

Die Kosten der Anschlussherstellung und der notwendigen Messeinrichtungen zur Erfassung des gelieferten und des bezogenen Stroms sind – unabhängig davon, ob es sich um einen Anschluss nach EEG oder nach EnWG handelt – vom Anlagenbetreiber zu tragen, vgl. § 16 Abs. 1 EEG. Weist der Netzbetreiber der Anlage einen anderen als den zuvor beschriebenen Verknüpfungspunkt zu, muss er die daraus resultierenden Mehrkosten tragen, § 16 Abs. 2 EEG.

3.3.2 EEG-Einspeisevergütung

Ein Anspruch auf Förderung des Stroms aus dem Pumpspeicher ist nach der bislang geltenden Fassung des EEG gem. § 19 Abs. 1 EEG nur dann gegeben, wenn der Strom, der zur Einspeicherung – also zum Pumpen – genutzt wurde, *nicht* aus dem Netz der allgemeinen Versorgung entnommen wurde, sondern aus einer Erneuerbare-Energien-Erzeugungsanlage über eine Direktleitung in den Speicher geleitet wurde.[87] Dieser Anspruch auf Vergütung des zwischengespeicherten Stroms findet rechtlichen Halt in § 19 Abs. 4 S. 1 EEG, demzufolge der Förderungsanspruch nach dem EEG auch dann besteht, wenn der Strom vor der Einspeisung in das Netz zwischengespeichert worden ist. Eine direkte Anbindung von EE-Anlagen des virtuellen Kraftwerkprojekts EnERgioN, insbesondere solchen, die in unmittelbarer Nähe zu den Pumpspeicherwerken gelegen sind, wäre möglich, sodass für Strom, der in diesen Anlagen erzeugt, direkt in das Pumpspeicherwerk geleitet, zwischengespeichert und später rückverstromt wurde, ein EEG-Förderanspruch gem. § 19 Abs. 4 i. V. m. Abs. 1 EEG gegeben wäre.

3.3.3 Vermiedene Netzentgelte gem. § 18 StromNEV

Sofern der vom Pumpspeicherwerk erzeugte und in das nächstgelegen Verteilnetz einzuspeisende Strom nicht bereits nach EEG vergütet oder direkt vermarktet wird, solange also der Strom des Pumpspeicherwerks keine Förderung nach dem EEG, sei es in Form der Einspeisevergütung oder der Marktprämie, in Anspruch genommen hat, hat der Pumpspeicherwerk-Betreiber als Betreiber einer dezentralen Erzeugungsanlage einen Anspruch gegen den Netzbetreiber aus § 18 Abs. 1 StromNEV[88] auf Zahlung eines Entgelts, das den gegenüber den vorgelagerten Netz- oder Umspannebenen durch die jeweilige Einspeisung vermiedenen Netzentgelten entspricht („vermiedene Netzentgelte"). Eine Vergütung bzw. die Inanspruchnahme der Marktprämie wäre, wie gezeigt, nur möglich, wenn das Pumpspeicherwerk den einzuspeisenden Strom über eine Direktleitung aus Erneuerbare-Energien-Anlagen bezieht. Diese Konstellation ist unwahrscheinlicher als der Bezug des einzuspeisenden Stroms aus dem Netz der allgemeinen Versorgung, sodass der Anspruch auf Zahlung vermiedener Netzentgelte grundsätzlich eröffnet wäre. Betreiberin des Netzes, in das das Pumpspeicherwerk an den Staustufen in Uelzen und Scharnebeck einspeisen würde, ist die Avacon AG. Nach dem von der Avacon AG veröffentlichten Preisblatt 2014 über Entgelte für vermiedene Netznutzung gemäß § 18 StromNEV im Netzgebiet Niedersachsen[89] besteht die Möglichkeit einer Wahl des Einspeisers zwischen einer pauschalen Abrechnung und einer Abrechnung nach tatsächlicher Vermeidungsleis-

[87] S. insb. noch zur Rechtslage nach dem EEG 2012: Lehnert und Vollprecht (2012, S. 356, 365).
[88] Stromnetzentgeltverordnung vom 25. Juli 2005 (BGBl. I S. 2225).
[89] Abrufbar im Internet unter https://www.avacon.de/cps/rde/xbcr/avacon/Info_Netzentgelte_Strom_Preisblatt_verm_Netznutzung_dezentrale_Einspeiser_NDS_01_01_2014.pdf, Abrufdatum 4.11.2014.

Tab. 3.1 Entgelt für vermiedene Netznutzung gemäß § 18 StromNEV

Einspeiseebene	Leistungspreis EUR/(kW^{c}a)	Arbeitspreis ct/kWh
Umspannung in Mittelspannung	71,10	0,07
Mittelspannung	84,84	0,12
Umspannung in Niederspannung	99,36	0,68
Niederspannung	124,80	0,45

Quelle: Avacon (2014, S. 1)

tung nur bei lastganggemessenen Anlagen mit einer Leistungsgrenze von bis zu 2 MW[90]. Da die projektgegenständlichen Generatoren eine deutlich über diesem Wert liegende Nennleistung hätten, wäre eine Abrechnung der vermiedenen Netzentgelte bei der Avacon AG nur nach tatsächlicher Vermeidungsleistung möglich. Die Höhe der Vergütung bestimmt sich maßgeblich nach der Einspeiseebene. Die Gesamtvergütung setzt sich aus den in Tab. 3.1 ersichtlichen Leistungs- und Arbeitspreisen der Avacon AG zusammen.

Eine Endabrechnung erfolgt nach Ablauf des Kalenderjahres. Die Vergütungen verstehen sich zzgl. der gültigen Umsatzsteuer.[91]

3.3.4 Förderung des Speicherbetriebs durch Befreiung von Stromkostenbestandteilen für den einzuspeichernden Strom

Die Höhe der Kosten des für den Betrieb der Pumpen benötigten Stroms bestimmt die Wirtschaftlichkeit des Pumpspeicherwerks maßgeblich. Gesetzliche Befreiungstatbestände für Stromkostenbestandteile tragen daher wesentlich zur Wirtschaftlichkeit des Projekts bei. Ausgegangen wird hier von der Annahme, dass das Pumpspeicherwerk Strom aus dem Netz der allgemeinen Versorgung bezieht, um bei Bedarf bzw. zu günstigen Zeiten die Pumpen zu betätigen und Wasser aus dem Unterbecken in das Oberbecken zu verlagern. (Pump-)Speicher gelten rechtlich als Letztverbraucher[92]. Von den für Letztverbraucher üblicherweise anfallenden Stromkosten sehen verschiedene Regelungen für den Betrieb eines Pumpspeichers Befreiungen vor.

3.3.4.1 Netznutzungsentgelte

3.3.4.1.1 Befreiung nach § 118 Abs. 6 S. 1 EnWG

§ 118 Abs. 6 S. 1 EnWG sieht für neue Pumpspeicherwerke hinsichtlich des Bezugs der zu speichernden elektrischen Energie für einen Zeitraum von 20 Jahren ab Inbetriebnahme die Freistellung von den Entgelten für den Netzzugang vor, wenn diese bis

[90] Avacon (2014, S. 2, li. Sp.).
[91] Avacon (2014, S. 1).
[92] Lehnert und Vollprecht (2012, S. 360), v. Oppen (2014, S. 11).

spätestens 3.8.2026 in Betrieb genommen werden und wenn der Strom zur Speicherung im Pumpspeicherwerk aus einem Transport- oder Verteilernetz entnommen sowie der zur Ausspeisung zurückgewonnene Strom zeitlich verzögert wieder in dasselbe Netz eingespeist wird (§ 118 Abs. 6 S. 3 EnWG). Als Inbetriebnahme gilt der erstmalige Bezug von elektrischer Energie für den Probebetrieb.

3.3.4.1.2 Reduktion nach § 19 Abs. 2 StromNEV

Soweit der einzuspeichernde Strom nicht bereits nach § 118 Abs. 6 EnWG von den Netzentgelten befreit ist, kommt hilfsweise eine Vereinbarung individueller Netzentgelte mit dem Netzbetreiber gem. § 19 Abs. 2 StromNEV in Betracht. Voraussetzung ist, dass der Höchstlastbeitrag des Pumpspeicherwerks vorhersehbar erheblich von der zeitgleichen Jahreshöchstlast aller Entnahmen aus dieser Netz- oder Umspannebene abweicht (§ 19 Abs. 2 S. 1 StromNEV). Dieses individuelle Netzentgelt hat dem besonderen Nutzungsverhalten des Pumpspeicherwerks angemessen Rechnung zu tragen und darf nicht weniger als 20 Prozent des veröffentlichten Netzentgeltes betragen. Die Vereinbarung individueller Netzentgelte bedarf nach § 19 Abs. 2 S. 5 StromNEV der Genehmigung der Regulierungsbehörde.

Nach Lehnert und Vollprecht (2012) umfasst eine Netzentgeltbefreiung nach § 118 Abs. 6 EnWG auch die Befreiung von der Pflicht, Konzessionsabgaben nach § 1 Abs. 2 KAV und die KWK-Umlage nach § 9 Abs. 7 Satz 1 KWKG[93] zu zahlen.[94] Dieser Ansicht sind jedoch der entgegenstehende Wortlaut der Normen[95] (Konzessionsabgaben und KWK-Umlagen sind keine „Netznutzungsentgelte") als auch die die unterschiedlichen Kostenursachen der Entgelte bzw. Umlagen entgegen zu halten. Solange die Frage, inwieweit mit der Netzentgeltbefreiung nach § 118 Abs. 6 EnWG auch andere Stromkostenbestandteile entfallen, nicht klar vom Gesetzgeber entschieden ist, sollte für die Wirtschaftlichkeitsberechnung von Projekten davon ausgegangen werden, dass Konzessionsabgaben und Umlagen grundsätzlich zu entrichten sind und die kostenspezifischen Befreiungstatbestände überprüft werden.

3.3.4.2 EEG-Umlage

§ 60 Abs. 3 EEG sieht eine Befreiung von einzuspeicherndem Strom von der EEG-Umlage vor, wenn dem Stromspeicher Energie ausschließlich zur Wiedereinspeisung von Strom in das Netz der allgemeinen Versorgung entnommen wird. In diesem Zusammenhang ist besonders zu beachten, dass der Wasserstand des Oberbeckens nicht ausschließlich für den Betrieb des Pumpspeicherwerks, sondern auch zur Gewährleistung der Sicherheit des Schiffverkehrs reguliert wird. Betrachtet man das Oberbecken insgesamt als hier maßgeblichen Stromspeicher, so würde der Befreiungstatbestand des § 60 Abs. 3 EEG nicht verwirklicht werden, da dem Oberbecken Wasser mit hoher Lageenergie nicht ausschließ-

[93] Kraft-Wärme-Kopplungsgesetz vom 19. März 2002 (BGBl. I S. 1092).
[94] Lehnert und Vollprecht (2012, S. 356, 361 f.).
[95] v. Oppen (2014, S. 9, 14).

lich zur Wiedereinspeisung von Strom in das Netz entnommen werden würde, sondern auch zur Gewährleistung strom- und schifffahrtspolizeilicher Ziele. Eine solche Betrachtungsweise entspricht jedoch nicht den tatsächlichen Gegebenheiten. Denn für den Betrieb des Pumpspeicherwerks steht nicht das gesamte im Oberbecken gelegene Wasser, sondern nur die beschriebene Speicherlamelle zur Verfügung. Insofern kann nur der von der Speicherlamelle umfasste Bereich als Stromspeicher im Sinne der genannten Norm gelten. Sofern ausschließlich der von der Speicherlamelle umfasste Bereich und dieser wiederum ausschließlich für den Betrieb des Pumpspeicherwerks und damit zur Wiedereinspeisung von Strom in das Netz der allgemeinen Versorgung genutzt wird, ist der für den Betrieb der Pumpen erforderliche Strom nach § 60 Abs. 3 EEG von der EEG-Umlage befreit.

Eine Befreiung von der EEG-Umlage kommt dagegen nicht in Betracht, wenn das Pumpspeicherwerk in ein anderes Netz als das Netz der allgemeinen Versorgung einspeist. Auch gibt es keine EEG-Umlagebefreiung für den ausgespeicherten Strom. Die Vermarktung von eingespeichertem Strom am Netz der allgemeinen Versorgung vorbei ist daher nicht von der EEG-Umlage befreit. Die Norm sieht des Weiteren eine Befreiung von der EEG-Umlage vor, wenn Strom an Netzbetreiber zum Ausgleich physikalisch bedingter Netzverluste als Verlustenergie nach § 10 StromNEV geliefert wird, s. § 60 Abs. 3 S. 3 EEG 2014.

Eine Reduktion der EEG-Umlage aufgrund der besonderen Ausgleichsregelung für stromkosten- und handelsintensive Unternehmen scheidet aus, da der Betrieb eines Pumpspeicherwerks keiner Branche nach Anlage 4 des EEG 2014 zuzuordnen ist, s. § 64 Abs. 1 und Anlage 4 EEG.

3.3.4.3 Stromsteuer

Der zum Betrieb der Pumpen aus dem Netz der allgemeinen Versorgung bezogene Strom ist gem. § 9 Abs. 1 Nr. 2 StromStG[96] i. V. m. § 12 Abs. 1 Nr. 2 StromStV[97] von der Stromsteuer befreit: Nach § 9 Abs. 1 Nr. 2 StromStG ist Strom, der zur Stromerzeugung entnommen wird, von der Steuer befreit. Darunter fällt nach § 12 Abs. 1 Nr. 2 StromStV ausdrücklich Strom, der in Pumpspeicherkraftwerken von den Pumpen zum Fördern der Speichermedien zur Erzeugung von Strom im technischen Sinne verbraucht wird. Der Befreiungstatbestand ist grundsätzlich eng auszulegen, sodass nur derjenige Strom von der Stromsteuer befreit ist, der im direkten Zusammenhang mit der Erzeugung von Strom steht. Verbräuche in Kantinen, Gemeinschaftsräumen oder die Beleuchtung von Parkplätzen fallen nicht darunter und wären folglich stromsteuerpflichtig[98] und mit 20,50 € /MWh zu besteuern, s. § 3 StromStG.

Gemäß § 9 Abs. 1 Nr. 1 StromStG ist Strom aus erneuerbaren Energieträgern von der Steuerpflicht nach § 5 StromStG befreit, wenn dieser aus einem ausschließlich mit Strom aus erneuerbaren Energieträgern gespeisten Netz oder einer entsprechenden Lei-

[96] Stromsteuergesetz vom 24. März 1999 (BGBl. I S. 378).

[97] Stromsteuer-Durchführungsverordnung vom 31. Mai 2000 (BGBl. I S. 794).

[98] Khazzoum (2012, Rn. 159).

tung entnommen wird. Der von den regionalen EE-Anlagen produzierte Strom bei der Speicherung in den Pumpspeicherwerken wäre folglich von der Stromsteuer befreit, wenn er über ein Netz transportiert wird, das ausschließlich mit EE-Strom gespeist wird.

3.3.4.4 Konzessionsabgabe

Die zulässige Höhe der Konzessionsabgabe entscheidet sich zunächst danach, ob der Verbraucher ein Tarif- oder ein Sondervertragskunde ist. Auszugehen ist hier von einem Sondervertragsverhältnis. § 2 Abs. 3 Nr. 1 KAV[99] sieht für die Belieferung von Sondervertragskunden mit Strom eine Höchstgrenze von 0,11 ct/kWh vor. Da das Gesetz hier nur eine zulässige Höchstgrenze vorgibt, könnte die tatsächlich erhobene Konzessionsabgabe im Einzelfall darunter liegen.

Darüber hinaus kommt gem. § 2 Abs. 4 KAV eine vollständige Befreiung von Sondervertragskunden von den Konzessionsabgaben in Betracht, wenn der Durchschnittspreis für die Stromlieferung im Kalenderjahr je kWh unter dem Durchschnittserlös je kWh aus der Lieferung von Strom an alle Sondervertragskunden liegt. Maßgeblich ist der in der amtlichen Statistik des Bundes jeweils für das vorletzte Kalenderjahr veröffentlichte Wert ohne Umsatzsteuer. Der aktuell bekanntgemachte Grenzpreis für Stromlieferungen an Sondervertragskunden lag im Jahr 2013 bei 12,84 ct/kWh[100]. Versorgungsunternehmen und Gemeinde können höhere Grenzpreise vereinbaren. Der Grenzpreisvergleich wird für die Liefermenge eines jeden Lieferanten an der jeweiligen Betriebsstätte oder Abnahmestelle unter Einschluss des Netznutzungsentgelts durchgeführt. Liegt also der Preis für den vom Pumpspeicherwerk bezogenen Strom (ohne Umsatzsteuer) durchschnittlich unter dem Grenzpreis von 12,84 ct/kWh, so fällt für diesen Strom keine Konzessionsabgabe an.

3.3.4.5 Begrenzungen der Umlage nach § 19 Abs. 2 StromNEV, der KWK-Umlage nach § 9 Abs. 7 KWKG und der Offshore-Haftungsumlage nach § 17f Abs. 5 EnWG

Die Höhe der Umlagen nach § 19 Abs. 2 StromNEV, § 9 Abs. 7 KWKG und § 17f Abs. 5 EnWG unterliegt besonderen Beschränkungen, wenn es sich um Großverbraucher oder Unternehmen des produzierenden Gewerbes handelt, die jährliche Mindestverbrauchswerte überschreiten.

Für die KWK-Umlage ist ein Jahresverbrauch an einer Abnahmestelle von mehr als 100.000 kWh maßgeblich. Für die bis zum Erreichen dieser Grenze verbrauchten kWh ist im Jahr 2015 die volle KWK-Umlage in Höhe von 0,221 ct/kWh zu entrichten.[101] Für die darüber hinausgehenden kWh dürfen höchstens 0,05 ct/kWh angesetzt werden, s. § 9 Abs. 7 S. 2 KWKG. Handelt es sich bei dem Verbraucher um ein Unternehmen des produzierenden Gewerbes, dessen Stromkosten im vorangegangenen Kalenderjahr 4 Prozent des Umsatzes überstieg, reduziert sich der zulässige Höchstbetrag um die Hälfte

[99] Konzessionsabgabenverordnung vom 9. Januar 1992 (BGBl. I S. 12, 407).
[100] Statistisches Bundesamt (2014).
[101] Netztransparenz.de (2014a).

auf max. 0,025 ct/kWh, s. § 9 Abs. 7 S. 3 KWKG. Für die Einordnung des Pumpspeicherwerks als Unternehmen des produzierenden Gewerbes spricht die Regelung des § 2 Nr. 3 StromStG, demzufolge auch Unternehmen, die den Abschnitten D (Verarbeitendes Gewerbe) und E (Energie- und Wasserversorgung) der Klassifikation der Wirtschaftszweige zuzuordnen sind, Unternehmen des Produzierenden Gewerbes im stromsteuerrechtlichen Sinne sind. In der zuletzt 2008 herausgegebenen Klassifikation der Wirtschaftszweige des Statistischen Bundesamts ist im Abschnitt D (hier: „Energieversorgung") unter Ziffer 35.11 die Elektrizitätserzeugung als Teil der Energieversorgung aufgeführt[102]. Dies zugrunde gelegt, sind für die über den Grenzwert von 100.00 kWh hinausgehenden kWh nur 0,025 ct/kWh zu zahlen.

Die Offshore-Haftungsumlage ist für einen Verbrauch von bis zu 1.000.000 kWh generell auf 0,25 ct/kWh begrenzt. Die Begrenzungen der Offshore-Umlage und der Umlage nach § 19 Abs. 2 StromNEV sind systematisch parallel zur KWK-Umlage strukturiert, setzen aber eine Jahresverbrauchsgrenze von 1.000.000 kWh voraus (§ 17f Abs. 5 S. 2 EnWG u. § 19 Abs. 2 S. 15 StromNEV). Erst bei Überschreiten dieser Verbrauchsgrenze und nur für die darüberhinausgehenden verbrauchten kWh wird die Höhe der Umlagen auf 0,05 ct/kWh für Großverbraucher bzw. 0,025 ct/kWh für Unternehmen des Produzierenden Gewerbes, deren Stromkosten im vorangegangenen Kalenderjahr 4 Prozent des Umsatzes überstiegen, begrenzt. Für die ersten 1.000.000 kWh ergibt sich für 2015 für die Offshore-Umlage eine Entlastung in Höhe von −0,051 ct/kWh[103] und für die Umlage nach § 19 Abs. 2 StromNEV eine Belastung in Höhe von 0,227 ct/kWh[104].

3.3.4.6 Umlage für abschaltbare Lasten nach § 18 AbLaV

Befreiungsmöglichkeiten für die Umlage für abschaltbare Lasten nach § 18 Abs. 1 AbLaV[105]. sind nicht möglich, da § 18 Abs. 1 2. HS AbLaV zwar grundsätzlich auf den Belastungsausgleichsmechanismus des § 9 KWKG verweist, die Anwendung der in § 9 Abs. 7 S. 2 KWKG genannten Belastungsgrenzen für bestimmte Letztverbrauchergruppen jedoch ausdrücklich ausschließt. Für den vom PSW einzuspeichernden Strom wäre im Jahr 2015 folglich die volle Umlage in Höhe von 0,006 ct/kWh zu zahlen. [106]

3.3.4.7 Umsatzsteuer

Als Unternehmen, das seinerseits für den von ihm verkauften Strom Umsatzsteuer in Höhe von 19 % erhebt, ist das Pumpspeicherwerk vorsteuerabzugsberechtigt gem. § 15 UStG[107]. Für den einzuspeichernden Strom ist zunächst eine Umsatzsteuer in Höhe von 19 % an den Stromlieferanten zu entrichten, diese kann jedoch im Wege des Vorsteuerabzugs gem.

[102] Statistisches Bundesamt (2008, S. 334, Ziffer 35.11).
[103] Netztransparenz.de (2014b).
[104] Netztransparenz.de (2014d).
[105] Verordnung zu abschaltbaren Lasten vom 28. Dezember 2012 (BGBl. I S. 2998).
[106] Siehe Netztransparenz.de (2014c).
[107] Umsatzsteuergesetz in der Fassung der Bekanntmachung vom 21. Februar 2005 (BGBl. I S. 386), das zuletzt durch Artikel 9 des Gesetzes vom 25. Juli 2014 (BGBl. I S. 1266) geändert worden ist.

§ 15 UStG wieder abgezogen und vom Finanzamt zurückverlangt werden. Voraussetzungen sind hier, dass es sich um eine Lieferung zwischen zwei Unternehmen (B2B) handelt und dass der Betreiber des Pumpspeicherwerks eine nach den §§ 14, 14a ausgestellte Rechnung besitzt, s. § 15 Abs. 1 Nr. 1 UStG.

3.4 Vergaberechtlicher Rahmen am Beispiel der Schleuse Uelzen

Die Schleuse Uelzen steht im Eigentum des Bundes und wird durch die GDWS verwaltet.[108] Unmittelbar zuständig für den Schleusenbetrieb ist das Wasser- und Schifffahrtsamt Uelzen. Nach Aussage der GDWS Mitte besteht derzeit kein Interesse daran, das Pumpspeicherkraftwerk selbst zu betreiben. Diese Aufgabe müsse auf ein anderes Unternehmen übertragen werden. Der Betrieb des Pumpspeicherkraftwerkes könnte beispielsweise einem Stadtwerk übertragen werden. Vermutlich würde eine Betriebs-GmbH gegründet, welche die notwendigen Umbauarbeiten veranlassen würde. Das Stadtwerk könnte Gesellschafter der Betriebs-GmbH werden. Vergaberechtliche Anforderungen könnten in zweierlei Hinsicht zu beachten sein: zum einen für die mit der Installation der Pumpen, Turbinen bzw. Pumpturbinen verbundenen Bauleistungen, zum anderen für die mit dem Betrieb des fertigen Pumpspeicherwerks verbundenen Dienstleistungen.

3.4.1 Vergabe eines öffentlichen Bauauftrags

Für die Installation der neuen Pumpen und Turbinen bzw. der Pumpturbinen ist ein öffentlicher Bauauftrag entsprechend der unionsrechtlichen Vorgaben auszuschreiben, wenn der Bauauftrag den in § 2 Abs. 1 VgV i. V. m. Art. 7 lit. c) RL 2004/18/EG genannten Schwellenwert von 6.242.000 € überschreitet. Nach Art. 4 lit. a) der am 17.4.2014 in Kraft getretenen neuen Richtlinie über die Vergabe öffentlicher Aufträge (RL 2014/24/EU) liegt der Schwellenwert bei öffentlichen Bauaufträgen bei 5.186.000 €. Die Vorgaben der neuen Vergaberichtlinie sind bis 18. April 2016 in deutsches Recht umzusetzen, s. Art. 90 Abs. 1 RL 2014/24/EU. Wie aus dem EnERgioN-Bericht zu den technischen, hydromechanischen und wirtschaftlichen Gegebenheiten ersichtlich ist, wird dieses Investitionsvolumen nicht in jedem Fall erreicht. Die kostengünstigsten Bauvarianten liegen deutlich unter dem maßgeblichen Schwellenwert. Die Ausschreibungspflicht eines Bauauftrages hängt damit von der gewählten Ausführungsvariante ab.

[108] Friesecke (2009, Rn. 7 ff. und Rn. 19 ff.).

3.4.2 Vergabe einer Dienstleistungskonzession für den Betrieb des Pumpspeicherwerks

Weiterer Ausschreibungsgegenstand könnte das Recht zum Betrieb des Pumpspeicherwerks sein. Sofern die GDWS dies nicht selbst übernimmt, wäre das Betriebsrecht von der GDWS an eine Betreibergesellschaft zu übertragen.

Die Übertragung des Betriebsrechts wäre nicht ausschreibungspflichtig, wenn das Rechtsverhältnis zwischen GDWS und der Betriebsgesellschaft als Inhouse-Geschäft oder als interkommunale Zusammenarbeit im Sinne des europäischen Vergaberechts charakterisiert werden kann. Da zwischen der GDWS und der Betriebsgesellschaft jedoch kein Kontrollverhältnis besteht[109] und das beauftragte Unternehmen des Weiteren nicht überwiegend für die GDWS als Auftraggeber tätig werden würde[110], sind die Kriterien der vergaberechtsfreien Inhouse-Geschäfte bzw. der interkommunalen Zusammenarbeit nicht erfüllt.

Die Übertragung des Betriebsrechts durch die GDWS auf eine Betriebsgesellschaft wäre des Weiteren nicht als Vergabe eines Dienstleistungsauftrags zu qualifizieren, da nicht die GDWS, sondern die Betriebsgesellschaft das Betriebsrisiko für das Pumpspeicherwerk tragen würde. Wie aus den bisherigen Gesprächen hervorging, liegt es nicht im Interesse der GDWS, die Betriebsgesellschaft mit dem Betrieb des Pumpspeicherwerks zu beauftragen und das Betriebsrisiko zu behalten. In dem zuletzt genannten Fall würde die GDWS die Betriebsgesellschaft für den Betrieb des Pumpspeicherwerks bezahlen und selbst die Einnahmen aus dem Betrieb erhalten.

Liegt das Geschäftsrisiko dagegen weitgehend bei dem Auftragnehmer, hier also der Betriebsgesellschaft, ist dies die typische Konstellation der Vergabe einer Dienstleistungskonzession.[111] Dass öffentlich-rechtliche Rahmenbedingungen den wirtschaftlichen Handlungsspielraum des Auftragnehmers einengen, spielt keine entscheidende Rolle, solange er Entscheidungen zu treffen hat, die auf sein eigenes Betriebsergebnis Einfluss nehmen.[112] Die Betriebsgesellschaft würde den effizienten Betrieb des Speicherkraftwerks und Stromvertrieb unabhängig von der GDWS sicherstellen. Die Übertragung des Rechts zum Betrieb des Pumpspeicherwerks an eine Betriebsgesellschaft stellt insofern eine Dienstleistungskonzession dar. Die Regeln zur Auftragsvergabe des GWB und des sekundären EU-Rechts sind hier (bislang noch) nicht anwendbar[113], wohl jedoch die Grundregeln des primären EU-Rechts.[114] Diese schließen insbesondere den Gleichbehandlungsgrundsatz, das Verbot der Diskriminierung aus Gründen der Staatsangehörigkeit und die daraus folgende Transparenzpflicht ein.[115] Die Übertragung des

[109] Vgl. Ganske (2011, § 99 Rn. 50 ff.).
[110] Vgl. Ganske (2011, § 99 Rn. 61).
[111] Vgl. Ganske (2011, § 99 Rn. 116, 119).
[112] Ganske (2011, § 99 Rn. 119).
[113] Ganske (2011, § 99 Rn. 114).
[114] Ganske (2011, § 99 Rn. 123).
[115] Ganske (2011, § 99 Rn. 123).

Rechts zum Betrieb des Pumpspeicherwerks wäre nach den unionsrechtlichen Vorgaben zwar nicht europaweit auszuschreiben, eine entsprechende Bekanntmachung aber potentiellen Interessenten zugänglich zu machen.[116] Nach Art. 8 Abs. 1 der bis zum 18.04.2016[117] umzusetzenden Richtlinie über die Konzessionsvergabe (neue Konzessions-Richtlinie, RL 2014/23/EU) sind Dienstleistungskonzessionen, deren Vertragswert mindestens 5.186.000 € beträgt, nach den in den Art. 30 ff. RL 2014/23/EU näher bezeichneten Grundsätzen auszuschreiben. Der Wert der Konzession entspricht nach Art. 8 Abs. 2 RL 2014/23/EU dem vom öffentlichen Auftraggeber oder vom Auftraggeber geschätzten Gesamtumsatz ohne MwSt, den der Konzessionsnehmer während der Vertragslaufzeit erzielt, als Gegenleistung für die Bau- und Dienstleistungen, die Gegenstand der Konzession sind, sowie für die damit verbundenen Lieferungen. Die zulässige Laufzeit von Konzessionen ist nach Art. 18 Abs. 1 RL 2014/23/EU beschränkt. Art. 18 Abs. 2 RL 2014/23/EU sieht für Konzessionen mit einer Laufzeit von über fünf Jahren vor, dass die Laufzeit der Konzession nicht länger sein darf als der Zeitraum, innerhalb dessen der Konzessionsnehmer nach vernünftigem Ermessen die Investitionsaufwendungen für den Betrieb des Bauwerks oder die Erbringung der Dienstleistungen zuzüglich einer Rendite auf das investierte Kapital unter Berücksichtigung der zur Verwirklichung der spezifischen Vertragsziele notwendigen Investitionen wieder erwirtschaften kann.

3.4.3 Rechtsfragen im Bereich des Beihilferechts

Das Recht zum Betrieb des Pumpspeicherwerks ist von der GDWS an die Betriebsgesellschaft aus beihilfe- und haushaltsrechtlichen Gründen zu einem „angemessenen" Preis zu übertragen, trotz der möglichen Schwierigkeit, einen angemessenen wirtschaftlichen Wert dieses Rechts zu bestimmen. Bei einer kostenlosen Überlassung könnten konkurrierende Anbieter geltend machen, dass durch die kostenlose Überlassung des Betriebsrechts am Pumpspeicherwerk die Anbieter des Stroms aus dem virtuellen Kraftwerk einen Wettbewerbsvorteil erlangen. Eine Ausschreibung, an der sich mehrere Bieter beteiligen, würde die beihilferechtliche Problematik weitgehend ausschalten.

3.5 Vertragliche Ausgestaltung einer Nutzung des Elbe-Seitenkanals zum Pumpspeicherwerk

Für eine Nutzung des Elbe-Seitenkanals als Pumpspeicherwerk müssen verschiedene Verträge zwischen einer möglichen Pumpspeicherwerk-Projektgesellschaft und der Wasser- und Schifffahrtsverwaltung des Bundes, vertreten durch das jeweilige Schifffahrtsamt,[118]

[116] Ganske (2011, § 99 Rn. 124).

[117] S. Art. 51 Abs. 1 RL 2014/23/EU.

[118] Ein möglicher Nutzungsvertrag wird mit der Bundesrepublik Deutschland, vertreten durch das Bundesministerium für Verkehr, Bau und Stadtentwicklung, dieses vertreten durch die Ge-

geschlossen werden. Für die Nutzungsüberlassung von Land- und Wasserflächen aus dem Grundbesitz der WSV wird üblicherweise ein Nutzungsvertrag geschlossen. In diesem Vertrag werden die Nutzflächen sowie die Anlagen, welche von der Pumpspeicherwerk-Projektgesellschaft genutzt werden sollen, aufgeführt. Weiterhin werden der Zweck der Nutzung, die Vertragsdauer sowie Nutzungsentgelte (z. B. Flächenentgelt) und Nebenkosten vereinbart. Der Nutzungsvertrag wird unabhängig von Verwaltungsakten, welche für die Errichtung und für den Betrieb des Pumpspeicherwerks notwendig sind, geschlossen. Als Maßstab für angemessene Nutzungsentgelte wird regelmäßig die Verwaltungsvorschrift der Wasser- und Schifffahrtsverwaltung des Bundes (VV-WSV 2604) herangezogen. Zudem besteht die WSV darauf, dass Mehrkosten für die Unterhaltung und Verkehrssicherung der Wasserstraßen, der WSV-Nutzflächen sowie für den Betrieb der Schifffahrtsanlagen, welche durch die Nutzung entstehen, durch den Nutzer (Pumpspeicherwerk-Projektgesellschaft) erstattet werden. Ein weiterer wichtiger Punkt, welcher im Nutzungsvertrag im Interesse der WSV üblicherweise geregelt wird, ist die Ausübung der Nutzung durch den Nutzer. Hierbei steht im Vordergrund, dass die Nutzung nicht die Schifffahrt, den Zustand der Wasserstraße oder auch den Betrieb der Schifffahrtsanlagen (z. B. der Schleuse) beeinträchtigen darf. Weiterhin werden auch Schutzpflichten von Natur und Landschaft, Gewässer und Boden sowie Duldungspflichten geregelt. Grundsätzlich werden unter anderem auch Haftungsvereinbarungen aufgenommen.[119]

Für Regelungen, welche sich hauptsächlich auf den Betrieb eines Pumpspeicherwerks im Elbe-Seitenkanal beziehen, wird zwischen der Projektgesellschaft des Pumpspeicherwerks und dem jeweiligen WSA eine Betriebsvereinbarung geschlossen. Hierbei werden dann genaue Grenzen für Pumpvolumen, Pumpdauer, Sunkwellen etc. definiert. Weiterhin werden die Ausführungen der jeweiligen Maßnahmen (z. B. Etablierung von gewissen Tagesmodellen) sowie Kommunikationspflichten und Verfügbarkeiten geregelt.[120] Wichtig ist hierbei anzumerken, dass die WSV darauf hinweist, dass kein unabhängiges *Pumpen* zum Betreiben des Pumpspeicherwerks durch den Nutzer möglich ist. Es muss eine technische Integration bzw. Kommunikation zwischen den Anforderungen des Pumpspeicherwerksbetriebs und der Außenstelle Mitte/WSA Uelzen, welche die Schifffahrt steuert, gewährleistet sein. Die WSA würde bei Möglichkeit den Anforderungen des Pumpspeicherwerksbetriebs (Pumpen bzw. Turbinieren) nachkommen. Diese Punkte sollten unter anderem von der zu gründenden Projektgesellschaft mit der WSV verhandelt werden. Dies gilt auch gerade vor dem Hintergrund, dass der TransmissionCode 2007 festlegt, dass die Primärregelleistung über den gesamten Angebotszeitraum (das heißt grundsätzlich 100 % der Zeit) verfügbar sein muss.[121] Sollte ein Pumpspeicherwerksbetrieb dies durch zu

neraldirektion Wasserstraßen und Schifffahrt, diese vertreten durch das jeweilige Wasser- und Schifffahrtsamt geschlossen.

[119] Vgl. Wasser- und Schifffahrtsverwaltung des Bundes (WSV) (2013), Standard-Nutzungsvertrag VV-WSV 2603 Liegenschaftsmanagement – Version 2012.1.

[120] Vgl. Wasser- und Schifffahrtsamt Verden (WSA Verden), Muster-Betriebsvereinbarung.

[121] Vgl. 3.2.7 Anhang D1 TransmissionCode (2007), Meister (2012, S. 93 ff.).

starke Einschränkungen durch die WSV nicht erreichen können, kann sich die Pumpspeicherwerk-Projektgesellschaft mit dem Pumpspeicherwerk allein sehr wahrscheinlich nicht für die Vermarktung von Primärregelleistung präqualifizieren.

3.6 Fazit und Ausblick

Nach den vorstehenden Prüfungsergebnissen ist die Durchführung eines Planfeststellungsverfahrens zwar nicht aufgrund der Bestimmungen des WaStrG, aber aufgrund der wasserhaushaltsrechtlichen Vorgaben erforderlich. Zuständig wäre hier das NLWKN. Im Rahmen dieses Planfeststellungsverfahrens wären auch die Voraussetzungen für die Erteilung einer ssG nach § 31 WaStrG, die nach Aussage der GDWS Mitte erteilt werden könnte, wenn der Pumpspeicherbetrieb die Schifffahrt nachweislich nicht beeinträchtigt, und für die Erteilung einer wasserrechtlichen Gestattung nach §§ 8, 9 WHG zu prüfen. Da ausreichende Informationen hinsichtlich der Auswirkungen des Pumpspeicherbetriebs auf die Fischfauna und die Gewässergüte nicht vorliegen, kann nicht abschließend beurteilt werden, wie die Umbauvarianten 1 bis 8 konkret ausgestaltet werden müssen, um ein Planfeststellungs/-genehmigungsverfahren erfolgreich abschließen zu können und auch die nötigen Erlaubnisse und Bewilligungen zu erhalten. Demgegenüber wurde im Rahmen der energierechtlichen Ausführungen dargestellt, dass der rechtliche Rahmen Einzelregelungen zur Förderung von Energiespeichern, insbesondere in Form von Befreiungen und Beschränkungen der Stromkosten, für den einzuspeichernden Strom bereithält. Im Rahmen der vergaberechtlichen Erwägungen wurde gezeigt, dass für Dienstleistungskonzessionen noch kein Vergabeverfahren im engeren Sinne erforderlich ist, gleichwohl aber die Grundregeln des primären EU-Rechts zu beachten wären. Die rechtliche Einführung formaler Vorgaben für die Vergabe von Dienstleistungskonzessionen mit einem Vertragswert von mindestens 5.186.000 € ist aufgrund der neuen Konzessionsrichtlinie bis zum 18.04.2016 zu erwarten. Diesbezüglich, aber auch mit Blick auf eventuelle beihilferechtliche Herausforderungen, sollte daher eine transparente Ausschreibung der entgeltlichen Nutzungsmöglichkeit des Elbe-Seitenkanals angestrebt werden.

Literatur

Avacon (2014) Preisblatt vermiedene Netznutzung für dezentrale Einspeiser Niedersachsen 2014. https://www.avacon.de/cps/rde/xbcr/avacon/Info_Netzentgelte_Strom_Preisblatt_verm_Netznutzung_dezentrale_Einspeiser_NDS_01_01_2014.pdf. Zugegriffen: 04. November 2011

Berendes K (2011) § 3. In: Berendes K, Frenz W, Müggenborg H-J (Hrsg.) Wasserhaushaltsgesetz Kommentar. Erich Schmidt Verlag, Berlin

Czychowski M, Reinhardt M (2014) Wasserhaushaltsgesetz Kommentar. Verlag C.H. Beck, München

Friesecke A (2009) Bundeswasserstraßengesetz – Kommentar. Carl Heymanns Verlag, Köln

Ganske M (2011) § 99. In: Reidt O, Stickler T, Glahs H (Hrsg.) Vergaberecht Kommentar. Dr. Otto Schmidt Verlag, Köln

Guckelsberger A (2003) Die wasserrechtliche Planfeststellung nach § 31 WHG – ein schwer handhabbares Rechtsinstrument. NuR 2003:469-470

Jarass H (2014) BImSchG, Kommentar. C. H. Beck, München

Khazzoum B (2012) Rn. 159. In: Khazzoum B, Kudla C, Reuter R (Hrsg.) Energie und Steuern. Springer Gabler, Wiesbaden

Koch R (2012) Wasserbauliche und hydromechanische Fragen eines Pumpspeichers Elbe-Seitenkanal – Anhang zum Bericht über den Projektteil „Kanal-Pumpspeicher" im KT EnERgioN (Teilmaßnahme 1.1)

Kotulla M (2011) Wasserhaushaltsgesetz Kommentar. Kohlhammer, Stuttgart

Krappel T (2012) Zulassungsrechtliche Fragen der Errichtung von Pumpspeicherwerken. ZfW 2012:113–123

Lehnert W, Vollprecht J (2012) Der energierechtliche Rahmen für Stromspeicher – noch kein maßgeschneiderter Anzug. ZNER 2012:356–365

Maus M (2011a) § 67. In: Berendes K, Frenz W, Müggenborg H-J (Hrsg.) Wasserhaushaltsgesetz Kommentar. Erich Schmidt Verlag, Berlin

Maus M (2011b) § 68. In: Berendes K, Frenz W, Müggenborg H-J (Hrsg.) Wasserhaushaltsgesetz Kommentar. Erich Schmidt Verlag, Berlin

Meister M (2012) Virtuelle Kraftwerke an den Regelleistungsmärkten, Masterarbeit, Leuphana Universität Lüneburg

Netztransparenz.de (2014a) Aktuelle Daten zum Kraft-Wärme-Kopplungsgesetz (KWKG). http://www.netztransparenz.de/de/file/2014-10-22_AG13_BV129_PG_HoBA_KWKG_Prognose_2015_Internettext.pdf. Zugegriffen: 05. November 2014

Netztransparenz.de (2014b) Offshore Haftungsumlage für 2015 nach § 17 F ENWG. http://www.netztransparenz.de/de/Umlage_17f.htm. Zugegriffen: 04. November 2014

Netztransparenz.de (2014c) Umlage für abschaltbare Lasten nach § 14 AblaV. http://www.netztransparenz.de/de/Umlage_18.htm. Zugegriffen: 04. November 2014

Netztransparenz.de (2014d) Umlage nach § 19 Abs. 2 StromNEV. http://www.netztransparenz.de/de/umlage_19-2.htm. Zugegriffen: 04. November 2014

Niesen F (2011) § 35. In: Berendes K, Frenz W, Müggenborg H-J (Hrsg.) Wasserhaushaltsgesetz Kommentar. Erich Schmidt Verlag, Berlin

NLWKN (2013) (Niedersächsischer Landesbetrieb für Wasserwirtschaft, Küsten- und Naturschutz) Bewirtschaftungsplan und Maßnahmenprogramm für die FGE Elbe 2009–2015. http://www.nlwkn.niedersachsen.de/portal/live.php?navigation_id=8198&article_id=45603&_psmand=26. Zugegriffen: 08.08.2013.

v. Oppen M (2014) Stromspeicher: Rechtsrahmen und rechtlicher Optimierungsbedarf. ER 2014:9–16

Reuter S (2013) Rechtsfragen bei der Zulassung von Pumpspeicherkraftwerken. ZUR 2013:458–467.

Riedel D (2015) § 34 WHG. In: Giesberts L, Reinhardt M (2015) Beck'scher Online-Kommentar Umweltrecht. C. H. Beck, München

Sannwald R (2014) Art. 72. in: Schmidt-Bleibtreu B, Hofmann H, Hopfauf A (Hrsg.) Grundgesetz – Kommentar. Carl Heymanns Verlag, Köln

Schmid B (2011a) § 9. In: Berendes K, Frenz W, Müggenborg H-J (Hrsg.) Wasserhaushaltsgesetz Kommentar. Erich Schmidt Verlag, Berlin

Schmid B (2011b) § 12. In: Berendes K, Frenz W, Müggenborg H-J (Hrsg.) Wasserhaushaltsgesetz Kommentar. Erich Schmidt Verlag, Berlin

Schütte P, Preuß M (2012) Die Planung und Zulassung von Speicheranlagen zur Systemintegration Erneuerbarer Energien. NVwZ 2012: 535–539

Statistisches Bundesamt (2008) Klassifikation der Wirtschaftszweige 2008 (WZ 2008). Wiesbaden

Statistisches Bundesamt (2014) Durchschnittserlös für Strom 2013: +8,0 % gegenüber 2012. https://www.destatis.de/DE/ZahlenFakten/Wirtschaftsbereiche/Energie/Verwendung/AktuellStrom.html. Zugegriffen: 05. November 2014

Wasser- und Schifffahrtsamt Verden (WSA Verden), Muster-Betriebsvereinbarung

Wasser- und Schifffahrtsdirektion Hamburg, Neubauabteilung für den Bau des Elbe-Seitenkanals (1969) Unterlagen zum Planfeststellungsverfahren Elbe-Seitenkanal: 6.1 Erläuterungen; 6.4 Übersichtsplan 1:100.000, 10.1 Erläuterungen, eingesehen beim Wasser- und Schifffahrtsamt Uelzen

Wasser- und Schifffahrtsverwaltung des Bundes (WSV) (2013) Standard-Nutzungsvertrag VV-WSV 2603 Liegenschaftsmanagement – Version 2012.1.

Wirtschaftlichkeit des Kanalpumpspeichers Elbe-Seitenkanal

4

Maik Plenz, Felix Obbelode, Martin Doliwa, Thomas Kott und Lars Holstenkamp

4.1 Potentielle Erlösmärkte

In den voranstehenden Abschnitten wurden unterschiedliche Umbauvarianten aus technischer und rechtlicher Perspektive dargestellt. Im Folgenden gilt es zu untersuchen, ob ein Kanalpumpspeicher wirtschaftlich umgesetzt werden kann. Der Betreiber eines Pumpspeichers agiert auf den Energiemärkten sowohl als Einkäufer/Nachfrager – zum Pumpen wird Strom benötigt – wie auch als Verkäufer/Anbieter. Dabei kann der Betreiber eines Kanalpumpspeichers auf unterschiedlichen Märkten aktiv werden. Einnahmen können im EPEX-Spothandel (siehe Abschn. 4.4.1) durch das Nutzen von Hoch- und Tiefpreisphasen im Tagesverlauf erzielt werden. Parallel kann die Leistung des Kanalpumpspeichers, je nach Umbauvariante, auf den Regelleistungsmärkten der Übertragungsnetzbetreiber angeboten und vermarktet werden. Auch darüber kann, gemäß der vorliegenden Untersuchung, ein zusätzlicher positiver Deckungsbeitrag erzielt werden.

Die Erlöse aus den von den Umbauvarianten abhängigen Marktsegmenten werden den Investitionskosten gegenübergestellt. Die Ermittlung der vorbehaltlichen, durch Angebote eruierten Investitionskosten der jeweiligen Umbauprojekte wird in einem weiteren Unterkapitel erläutert.

Maik Plenz ✉
BTU Cottbus-Senftenberg, Cottbus, Deutschland
e-mail: maik.plenz@b-tu.de

Felix Obbelode · Martin Doliwa · Thomas Kott · Lars Holstenkamp
Leuphana Universität Lüneburg, Lüneburg, Deutschland
e-mail: obbelode@leuphana.de, doliwa@leuphana.de, thomas.kott@inkubator.leuphana.de, holstenkamp@leuphana.de

H. Degenhart et al. (Hrsg.), *Pumpspeicher an Bundeswasserstraßen*,
DOI 10.1007/978-3-658-10916-5_4

4.1.1 EPEX-Spotmarkt

Die Vermarktungswege für Strom unterteilen sich in die Spotmärkte (siehe 20) (Day-Ahead und Intraday) und die Terminmärkte. Seit der nationalen Liberalisierung des Strommarktes im Jahr 1998 steht alternativ zum bilateralen Handel zwischen Erzeuger und Vertrieb (Over-The-Counter, OTC) die Möglichkeit zum Stromhandel an einer zentralen Strombörse zur Verfügung. Die European Energy Exchange (EEX) stellt in Deutschland und Europa die wichtigste Handelsplattform für Stromprodukte, Erdgas, Kohle, Emissionsberechtigungen und Herkunftsnachweise für Grünstrom dar.

Der EEX-Spotmarkt wurde 2009 in ein neues Unternehmen, der European Power Exchange (EPEX SPOT SE) mit Sitz in Paris und Zweigstelle in Leipzig, überführt. Gehandelt werden Stromprodukte in Deutschland, Österreich, der Schweiz und Frankreich. Daneben gibt es Marktkopplungskontrakte, um verschiedene europäische Märkte miteinander zu verbinden. Im für die vorliegende Untersuchung relevanten Strommarkt können unterschiedliche Segmente des Großhandelsmarktes unterschieden werden (siehe Abb. 4.1):

- Spotmärkte (EPEX SPOT) mit Intraday- und Auktionshandel;
- EEX-Terminmärkte mit Futures (Tag, Wochenende, Woche, Monat, Quartal, Jahr) und Optionen (Monat, Quartal, Jahr).

Im Nachfolgenden wird der Ein- und Verkauf elektrischer Energie am Spotmarkt betrachtet. Auf dem Spotmarkt findet der kurzfristige Handel mit physischer Abwicklung spätestens am nächsten Tag statt. Es sind zwei Marktsegmente, Auktionshandel (Day-Ahead) und kontinuierlicher Handel (Intraday), zu unterscheiden.

- Im Day-Ahead-Handel kann an 365 Tagen im Jahr jeweils in einer Auktion um 15 Uhr für die 24 Stunden des folgenden Tages geboten werden. Dabei werden Verkaufs- und Kaufangebote mit den Preisgrenzen von ±3000 Euro/MWh in drei Kategorien unterteilt: Einzelstundenangebote (mit einer Fälligkeit), Blockgebote (mit mehreren Ausführungsterminen) oder Bändergebote (Base, Peak).

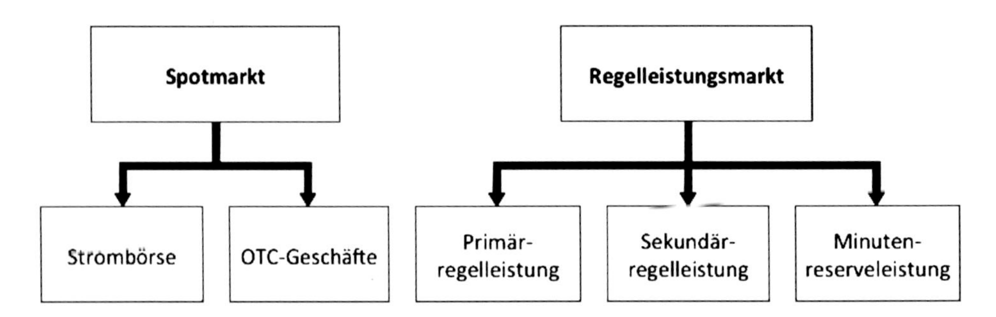

Abb. 4.1 Vermarktungswege, eigene Darstellung nach Konstantin (2009)

- Der Intraday-Handel findet rund um die Uhr an allen Tagen einschließlich gesetzlicher Feiertage statt. Hier können im fortlaufenden bzw. kontinuierlichen Handel die Stundenkontrakte für den gleichen Tag bis 45 Minuten vor Lieferung, mit 2-Stunden-Vorlauf zum referierten Zeitpunkt, 15-Minuten-Kontrakte und ab 15 Uhr die Stunden- und Blockkontrakte für den nächsten Tag gehandelt werden. Aufträge im Intraday-Handel müssen immer eine Menge sowie einen Preis (Höchstpreis für Kauf- oder Mindestpreis für Verkauf) enthalten und werden im so genannten Auftragsbuch vermerkt und ständig auf Ausführbarkeit überprüft. Die veröffentlichten Daten, der minimale Preis, der maximale Preis sowie der gewichtete Mittelwert werden stundenweise auf der Internetseite der Strombörse EPEX Spot SE veröffentlicht.

4.1.2 Regelleistungsmärkte

Mit Hilfe der ausgeschriebenen Regelleistung stellen die vier nationalen Übertragungsnetzbetreiber (ÜNB) – TenneT TSO GmbH, 50Hertz Transmission GmbH, Amprion GmbH und TransnetBW AG – ein kontinuierliches Gleichgewicht zwischen Stromeinspeisung und -abnahme sicher und garantieren somit die Netzstabilität. Die Regelleistung wird immer dann erforderlich, wenn im Stromnetz die Bilanz zwischen eingespeister und nachgefragter Strommenge unausgeglichen ist. Eine derartige Differenz führt zu Frequenzschwankungen im gesamten Energieverbundnetz des Verbandes Europäischer Übertragungsnetzbetreiber (European Network of Transmission System Operators for Electricity, ENTSO-E) von Warschau bis Lissabon. Wenn die Erzeugungsleistung die Gesamtlast übersteigt, nimmt die Frequenz zu; im Falle eines Defizits der Einspeisung gegenüber der Verbraucherleistung fällt die Frequenz ab.

Die Regelleistung kann unterteilt werden in

1. Primärregelleistung (PRL),
2. Sekundärregelleistung (SRL) und
3. Minutenreserveleistung (MRL).

Sie unterscheiden sich hinsichtlich ihrer Aktivierungs- und Änderungsgeschwindigkeit. Primär- und Sekundärregelleistung werden bisher vom Übertragungsnetzbetreiber automatisch aus regelfähigen Kraftwerken abgerufen (vgl. Abb. 4.2). Minutenreserve wird durch telefonische Anweisung oder automatisiert vom Übertragungsnetzbetreiber an den Lieferanten angefordert. Angebote für die Auktionen kann abgeben, wer ein Präqualifikationsverfahren erfolgreich durchlaufen hat. Unterhalb der Reaktionszeit der Primärregelung sorgt die Trägheit des Systems für einen Frequenzerhalt (Momentanreserve). Ungleichgewichte oberhalb eines Aktivierungszeitraumes von 60 Minuten werden durch den betroffenen Bilanzkreis ausgeglichen.

Die relevanten Charakteristika der einzelnen Regelleistungsmärkte sind in Tab. 4.1 zusammengefasst.

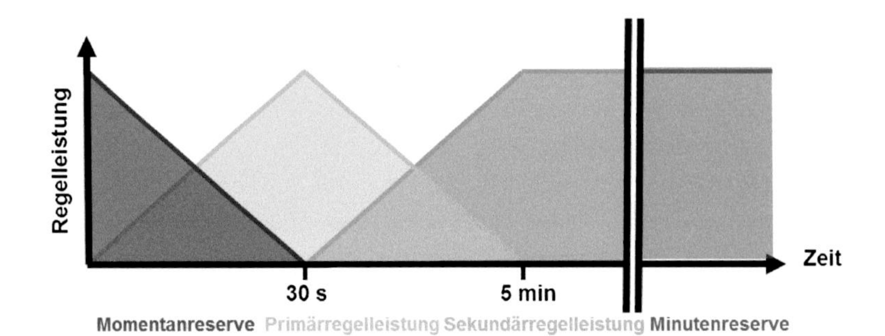

Abb. 4.2 Abrufreihenfolge der Regelenergie

Tab. 4.1 Charakteristika der Regelleistungsmärkte. (50Hertz et al. 2015; consentec 2014)

	Primärregelleistung	Sekundärregelleistung	Minutenreserveleistung
Aktivierungszeit	30 s	5 min	15 min
Abzudeckender Zeitraum	0–15 min	5–15 min	15–60 min
Ausschreibungszeitraum	Wöchentlich	Wöchentlich	Täglich
Produkte	Symmetrisch gesamte Woche	Positiv und negativ HT: Mo–Fr 8–20 h; NT: sonst	Positiv und negativ 6 Zeitscheiben à 4 Stunden
Mindestangebotsgröße	1 MW	1 MW	5 MW (seit 03.07.2012)
Angebotsinkrement	1 MW	1 MW	1 MW
Aktivierung	Automatisch	Automatisch	Telefonisch, automatisch
Vergabe	Merit Order des Leistungspreises	Merit Order des Leistungspreises	Merit Order des Leistungspreises
Vergütung	Pay-as-bid Leistungspreis	Pay-as-bid Leistungspreis und Arbeitspreis	Pay-as-bid Leistungspreis und Arbeitspreis

Pumpspeicherwerke können grundsätzlich in jedem der drei Regelleistungsmärkte agieren, werden auf Grund der Aktivierungsgeschwindigkeiten und vorgegebenen Anstiegsfunktionen jedoch selten innerhalb der Primärregelleistung, sondern hauptsächlich im Bereich Sekundär- und Minutenreserveleistung oder innerhalb eines Kraftwerkpools in Form vermarkteter Zeitscheiben eingesetzt.

Da der tatsächliche Regelleistungsbedarf erst kurzfristig vom Systembetreiber erkannt wird, handelt es sich bei Regelleistungsmärkten um Märkte mit sehr kurzfristigem Charakter. Auf Grund der technisch bedingt variierenden Mengen und sich ändernden Marktstrukturen ist die Preisvolatilität hoch; die Preiszeitreihen weisen Strukturbrüche auf. Weiterhin sind die Regelleistungsmärkte dadurch geprägt, dass der jeweilige ÜNB einziger

Nachfrager ist. Minuten-, Sekundär- und Primärregelleistung werden von den vier ÜNB in Deutschland über ein gemeinsames Internetportal ausgeschrieben. Um ein Angebot abgeben zu können, muss ein Präqualifikationsverfahren durchlaufen werden. Neben der grundsätzlichen Bereitstellung von Leistung (Leistungspreis) wird die tatsächliche Inanspruchnahme (Arbeitspreis) entgolten.

4.2 Methodik

Mit den Kennzahlen der vorgestellten Umbauvariante 6 (ca. 5 MW kumulierte Leistung von Pump- oder Turbineneinheiten, ca. 50 MWh Speicherkapazität) wäre das PSKW Elbe-Seitenkanal, im Vergleich zu anderen Projekten, ein kleines Kraftwerk. Für die Simulation, ob und ab wann kleine Anlagen die Wirtschaftlichkeit erreichen, wurden Intraday-Daten und Day-Ahead-Daten des Spotmarktes sowie Daten der Regelleistungsmärkte (Primär-, Sekundär- und Minutenreserveleistung) für jeweils 2011–2013 ermittelt. Folgende zusätzliche Annahmen werden getroffen:

- Die Investitionskosten der Umbaumaßnahmen der jeweiligen technischen Umsetzungsvarianten ergeben sich auf Basis von Angeboten unterschiedlicher Firmen (siehe Tab. 4.6).
- Die spezifischen Investitionskosten sind mit 545 €/$kW_{Turbine}$, jeweils inklusive Maschinen- und Elektrotechnik, angesetzt. Diese geringen Investitionskosten stellen einen Sonderfall dar – die durchschnittlichen spezifischen Investitionskosten über alle Umbauvarianten betragen ca. 1000 €/kW. Hinter dieser Annahme steht die Überlegung, zu zeigen, ob bei günstiger Wahl des technischen Umbaus ein rentabler Speicherbetrieb möglich ist.
- Für die spezifischen Betriebskosten werden 2,0 €/MWh und für die Kapitalkosten ein Zinssatz von 4 % angenommen.
- Es fließen außerdem weitere Nebenbedingungen, die nur bei einem Kanalspeicher auftreten, wie u. a. Eistage, Wasserentnahmen, Freiwassermengen und Schleusungsvorgänge, in die Analyse mit ein.

Der Jahresüberschuss oder Jahresfehlbetrag auf den jeweiligen Märkten ist für alle Umbauvarianten ermittelt und auf Tagesbasis dargestellt. Die durchschnittliche Nutzungsdauer der Anlage wird mit einer Laufzeit von 50 Jahren bemessen, eine Amortisation soll nach der Hälfte der Zeit erreicht werden.

4.3 Investitionskosten

Die im Abschn. 4.2 „Technische Umsetzungsvarianten“ vorgestellten Umbauoptionen werden innerhalb dieses Kapitels hinsichtlich der jeweiligen Investitionskosten[1] untersucht. Dabei teilen sich diese Investitionen auf in

- den rein mechanischen Ein-/ Umbau (von z. B.: Turbinen, Pumpturbinen, etc.) – bezeichnet als Investitionskosten je Turbine;
- die dazugehörigen elektrischen Anschlüsse (z. B. Anschlüsse, Frequenzwandler, Transformator) – bezeichnet als Investitionskosten je elektrischer Anlage – und
- die bautechnischen Umrüstungen (z. B. Ausbau des Pumpenhauses o. ä.) – bezeichnet als Investitionskosten je bautechnische Maßnahme.

Die Investitionskosten wurden ermittelt durch die Erstellung von technischen Richtpreisangeboten verschiedener Spezialfirmen. Hierbei ist anzumerken, dass die erhaltenen Investitionskosten im Endeffekt von den Angeboten abweichen können. Die Angebote sind in variablen Umfängen vorhanden und wurden auf den kleinsten gemeinsamen Nenner – eine Umbaueinheit – skaliert, um so eine Vergleichbarkeit innerhalb der Investitionssumme ermöglichen zu können. Einige Hersteller übermittelten nur ein Gesamtangebot, in welchem keine Unterteilung in die jeweiligen, vorhergehend genannten Bereiche möglich war (siehe Tab. 4.2, 4.3 und 4.4).

Tab. 4.2 Investitionskosten Uelzen

Umbau-varianten	Investitionskosten je Turbine	Investitionskosten je ele. Anlage	Investitionskosten je bautechnische Maßnahme	***Investitionssumme je Umbaueinheit***
Variante 1	150.000 €	250.000 €	300.000 €	700.000 €
Variante 2		875.000 €	950.000 €	1.825.000 €
Variante 3			855.357 €	855.357 €
Variante 4	–	–	–	–
Variante 5	–	–	–	–
Variante 6			200.000 €	420.000 €
Variante 7			200.000 €	420.000 €
Variante 8	–	–	–	–

[1] Im finanzwirtschaftlichen Sinne handelt es sich hierbei um die Anfangsauszahlungen, die im Rahmen der Investitionstätigkeit anfallen. Der Einfachheit halber wird im Folgenden stets von „Investitionskosten“ gesprochen (im Englischen auch „capital expenditure“ oder CAPEX).

Tab. 4.3 Investitionskosten Scharnebeck

Umbau-varianten	Investitionskosten je Turbine	Investitionskosten je ele. Anlage	Investitionskosten je bautechnische Maßnahme	***Investitionssumme je Umbaueinheit***
Variante 1	150.000 €	175.000 €	150.000 €	475.000 €
Variante 2		700.000 €	600.000 €	1.300.000 €
Variante 3		645.833 €		645.833 €
Variante 4	–	–	–	– €
Variante 5	–	–	–	– €
Variante 6			150.000 €	150.000 €
Variante 7			150.000 €	150.000 €
Variante 8	–	–	–	– €

Tab. 4.4 Gesamtinvestitionskosten

Umbauvarianten	Schleuse Uelzen	Schiffshebewerk Scharnebeck	***Gesamtinvestition***
Variante 1	3.500.000 €	1.900.000 €	***5.400.000 €***
Variante 2	3.650.000 €	2.600.000 €	***6.250.000 €***
Variante 3	7.150.000 €	4.500.000 €	***11.650.000 €***
Variante 4	– €	– €	**– €**
Variante 5	– €	– €	**– €**
Variante 6	2.102.000 €	600.000 €	***2.702.000 €***
Variante 7	840.000 €	150.000 €	***990.000 €***
Variante 8	– €	– €	**– €**

Die Gesamtinvestitionen ($K_{0,Ges}$) ermitteln sich aus:

$$K_{0,Ges} = \sum [K_{0,T}; K_{0,e.A.}; K_{0,b.M.}] \quad für \quad t = 0$$

Die Investitionssumme aller Turbinen ($K_{0,T}$), aller elektrischen Anlagen ($K_{0,\,e.A.}$) und aller bautechnischen Maßnahmen ($K_{0,\,b.M.}$) hängt dabei von der Anzahl der spezifischen Umbaueinheiten (u) ab:

$$\boldsymbol{K_{0,T} = \forall \left(u(T) \cdot I_{u,T}\right)}$$

mit:

$u(T)$: Anzahl der Umbaueinheiten in Abhängigkeit der umzubauenden Einheit – Turbine (T),

$I_{u,T}$: Investitionen pro Umbaueinheit der Turbinen.

Die Formel gilt analog für elektrische Anlagen und bautechnische Maßnahmen.

4.4 Ermittlung der Jahresüberschüsse

Die in diesem Abschnitt untersuchte Umbauvariante 6 folgt der Leitidee aus Abschn. 4.3: Es wird die Umbaueinheit mit dem höchsten Systemwirkungsgrad und den geringsten Investitionskosten wirtschaftlich untersucht. Die Berechnungen erfolgen in drei Schritten.

1. Zunächst werden die zahlungswirksamen Erträge bei Nutzung des Spotmarktes auf Basis historischer Daten für die Jahre 2011 bis 2013 ermittelt.
2. Dem Ertrag auf dem Spotmarkt werden wirtschaftliche Betrachtungen für die Vermarktung an den Regelleistungsmärkten gegenübergestellt. Datenbasis sind die Jahr 2011–2013.
3. Eine kombinierte Strategie, die Spot- und Regelleistungsmärkte nutzt, wird im Anschluss daran überprüft. Es werden Daten der Jahre 2011–2013 herangezogen.

Zum Zweck der Ermittlung der Überschüsse wurde ein Algorithmus entwickelt, welcher basierend auf den historischen Daten der jeweiligen Märkte eine rollierende Price-Forward-Curve generiert und somit einen erwarteten Preis für die nächsten anstehenden Transaktionen ermittelt. Zusätzlich werden die Systemkosten pro Betriebsstunde bzw. Einsatz und, soweit anwendbar, der Wert des gespeicherten Volumens berücksichtigt.

4.4.1 Pumpspeicherwerk Elbe-Seitenkanal am EPEX-Spotmarkt

Zur Untersuchung der Wirtschaftlichkeit der vorgestellten Pumpspeicherkraftwerke Uelzen und Scharnebeck werden die 15-minütigen EPEX-Spotmarkt-Tagesdaten der Jahre 2011 bis 2013 herangezogen. Der Spread (Abstand zwischen Einkaufs- und Verkaufspreis) bei den untersuchten Intraday- und Day-Ahead-Daten ist in etwa gleich groß, weswegen auf den stärker frequentierten Day-Ahead-Markt als Datenpool zurückgegriffen wurde. Mithilfe eines vereinfachten Cash-Flow-Modells[2], in das die arithmetischen Mittelwerte der sechs höchst- und niedrigstpreisigen Stunden eines jeden Tages einfließen, und den je Umbauvariante anzunehmenden Betriebsstunden können die täglichen Auszahlungen und Einzahlungen ermittelt werden.

Die aus dieser Untersuchung ermittelten täglichen positiven/negativen Überschüsse sind geordnet in Abb. 4.3 aufgetragen.

Wie in der Abb. 4.3 zu erkennen ist, erzielt das Schiffshebewerk Scharnebeck deutlich früher Überschüsse als die Schleuse in Uelzen. Weiterhin wurde festgestellt, dass die zur Erzielung der Überschüsse benötigten Spreads von durchschnittlich 24 € (im Jahr 2011) auf 26 € (im Jahr 2013) leicht anstiegen. Gleichzeitig nahm die Volatilität der Unterschiede zwischen Einkaufs- und Verkaufspreis deutlich ab. Um diese Einflüsse nicht überproportional in das Ergebnis einfließen zu lassen, wurden die arithmetischen Mittlungen aller Jahre für die nachfolgenden Berechnungen genutzt.

[2] Perridon et al. (2014).

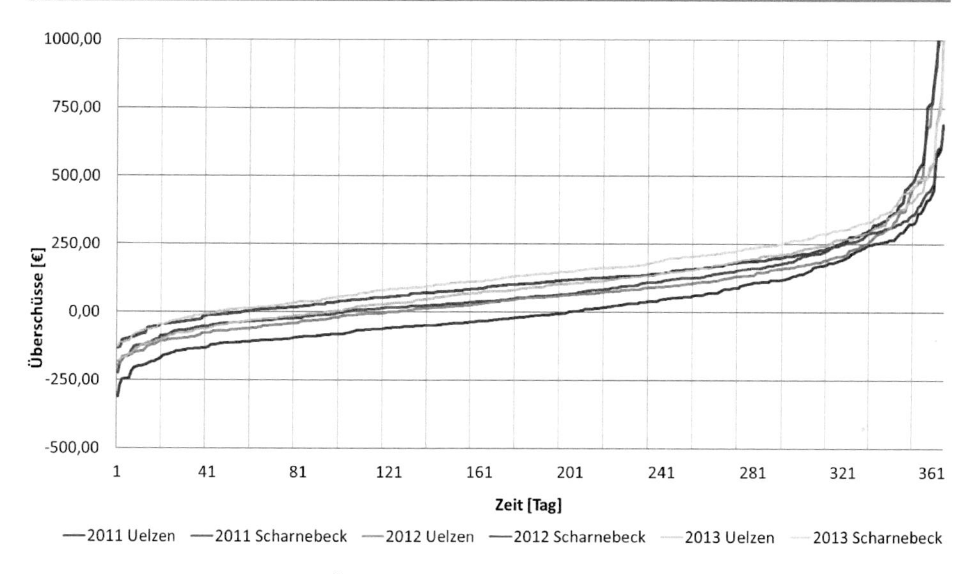

Abb. 4.3 Sortiert, aufsteigende Überschüsse je Tag für die Standorte Scharnebeck und Uelzen

Bei diesen Berechnungen ergeben sich auf Tagesbasis ermittelte Überschüsse für Uelzen in Höhe von 72 € und für Scharnebeck von 125 € bzw. zusammengefasst jährliche Überschüsse von ca. 68.000 € über einen täglichen Pump- und Turbinenbetrieb von 6,00 h bzw. 4,54 h (Uelzen) respektive 6,00 h bzw. 5,71 h (Scharnebeck). Damit ist keine Amortisation der kumulierten Investitionskosten im vorgegebenen Zeitraum möglich.

Nimmt man an, dass die Anlagen nur an solchen Tagen betrieben werden, an denen die Ausspeichererlöse höher sind als die Summe aus Speicher- und Betriebskosten, kann ein Jahresüberschuss von insgesamt 80.000 € ermittelt werden. Die Anzahl der positiven Betriebstage und der tagesdurchschnittlichen Überschüsse lässt sich wie in Tab. 4.5 geschehen zusammenfassen.

Der Amortisationszeitpunkt der Anlage Scharnebeck ist unter Nutzung der positiven Betriebstage (Voraussetzung dafür sind neben vollständigen Marktinformationen auch maximale Regelbarkeit) nach ca. 19 Jahren, ausgehend vom Zeitpunkt der Investition, erreicht. Das geplante Pumpspeicherwerk Uelzen kann die Investitionskosten auch im betrachteten Zeithorizont von 50 Jahren nicht zurückführen.

Die ersten Ergebnisse sind somit als negativ einzustufen: Trotz der deutlich niedrigeren Investitionskosten- gegenüber neu zu errichtenden Pumpspeicherwerken – rentieren sich

Tab. 4.5 Gegenüberstellung der positiven täglichen Rückflüsse von Uelzen und Scharnebeck

		Uelzen	Scharnebeck
Betriebstage $_{POS}$	[–]	226	298
Überschüsse $_{Tagesbasis}$	[€]	159,20	163,61

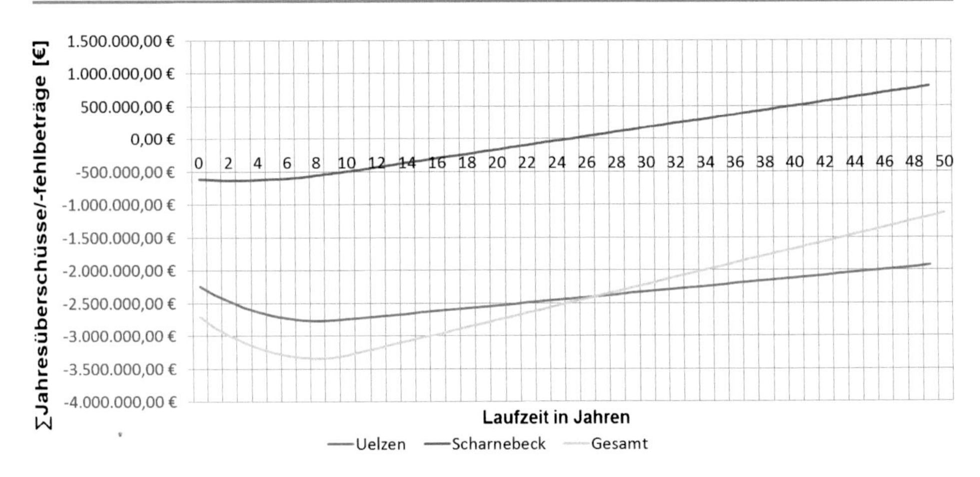

Abb. 4.4 Addierte Jahresüberschuss der Anlagen im Spotmarkt

am Spotmarkt, unter der Annahme der Umrüstung beider Anlagen, keine der Umbauvarianten bei täglichem Betrieb (siehe Abb. 4.4).

Bei den weiteren Umbauvarianten konnten teilweise nur 36 positive Betriebstage (Tage an denen die Ausspeichererlöse höher waren als Speicherkosten und Betriebskosten) ermittelt werden.

Die vorliegende Differenz zwischen beiden Anlagen lässt sich auf die bessere Eignung des Schiffshebewerkes Scharnebeck als Pumpspeicher zurückführen. Neben der größeren Nettofallhöhe ist auch der Gesamtsystemwirkungsgrad (η_{Gesamt}) höher.

Ein ertragreiches Betreiben der Anlagen nur am EPEX-Spotmarkt, ohne staatliche Förderleistungen für Investition oder Betrieb eines Energiespeichers, ist bei den aktuellen Rahmenbedingungen stark abhängig vom jeweiligen Einzelfall.

4.4.2 Pumpspeicherwerk Elbe-Seitenkanal am Regelleistungsmarkt

Die Wirtschaftlichkeit des Pumpspeichers Elbe-Seitenkanal wird weiterhin unter Zuhilfenahme der Marktdaten der deutschen Regelenergiemärkte (Primärregelleistung, Sekundärregelleistung und Minutenreserveleistung) des Jahres 2011, mittels eines Cash-Flow-Modells für die o. g. Umbauvariante „Neue Pumpturbinen anstelle der alten Pumpen" untersucht. In dieser Betrachtung wird von einer gepoolten Speichereinheit Elbe-Seitenkanal ausgegangen, um die nötigen Mindestanforderungen für die Teilnahme am Regelleistungsmarkt zu erfüllen.

Unter der Annahme der Abrufdauer von 16 h pro Monat:

- 8 h positive Regelleistung und
- 8 h negative Regelleistung pro Monat, somit
- je 4 h HT (Hochtarif) bzw. 00–04 und 4 h NT (Niedertarif),[3]

werden die Ermittlungen für den Sekundärregelleistungsmarkt und Minutenreserveleistungsmarkt durchgeführt. Dieser Wert stellt die aus den Erhebungen festgesetzte Untergrenze sicherer Zuschläge dar und gilt gewissermaßen als Referenzwert des Minimalerlöses. Im Primärregelleistungsmarkt konnten, auf Grund der geringen Anfahrzeit ($t \leq 30$ s), die Präqualifikationen bei der betrachteten Umbauvariante nicht erreicht werden. Die Benetzung bzw. das Ansaugen von Pumpturbinen und das Hochfahren des Maschinensatzes auf die Maximalleistung funktioniert nicht innerhalb dieses vorgegebenen Zeitfensters.

Anders verhält es sich im Bereich der Sekundärregelleistung. Hier können, unter Zugrundelegung der angeführten Parameter, Jahresüberschüsse von 95.000 € für positive Regelleistung in den Bereichen HT und NT ermittelt werden. Im gleichen Zeitraum bietet das Pumpspeicherwerk ESK (Anlage Uelzen und Anlage Scharnebeck) negative Regelleistung im Markt an. Dabei erzielt es, unter Verwendung der Vergangenheitsdaten des Jahres 2011, 138.000 € Überschüsse p. a. (siehe Abb. 4.5).

Im Minutenreserveleistungsmarkt fallen die Überschüsse aus positiver und negativer Regelleistung wie erwartet deutlich geringer aus. Mit ca. 4800 € (positive Regelleistung) und ca. 6200 € (negative Regelleistung) – jeweils p. a. – ist kein wirtschaftliches Betreiben dieser Umbauvariante denkbar. Eine Anpassung durch die Erhöhung der Betriebsdauer kann Abhilfe schaffen. Unter der Annahme, dass die Anlagen in jeder dritten Nacht von 0:00 Uhr bis 4:00 Uhr ihre kumulierte Last (negative Regelleistung) anbieten, erzeugen

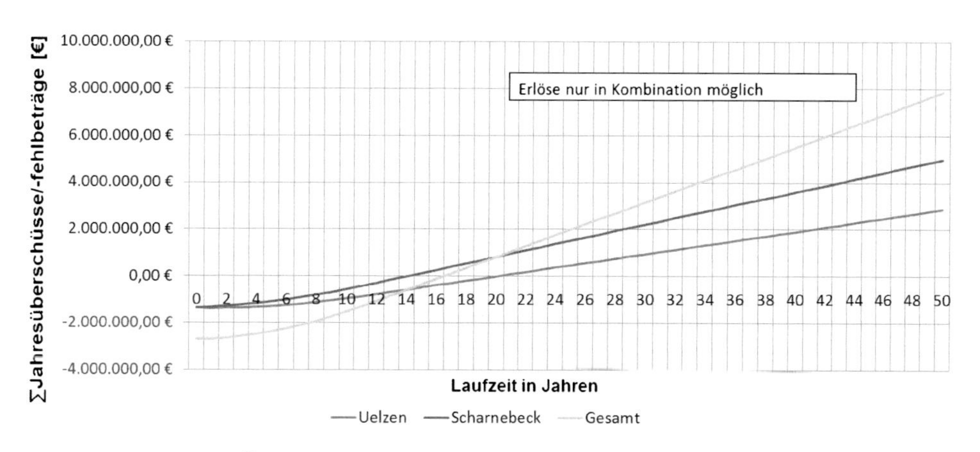

Abb. 4.5 Kumulierte Überschüsse im SRL bei Kombination beider Anlagen

[3] NT-Zeiträume sind die Wochentage von 20:00 bis 08:00 h, das Wochenende und bundeseinheitliche Feiertage, der Rest sind HT-Zeiträume.

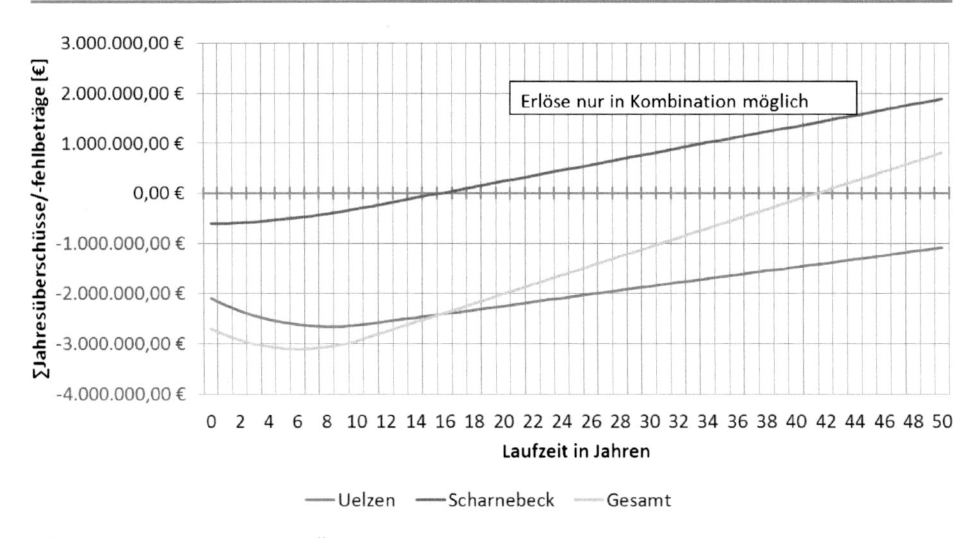

Abb. 4.6 Zusammengefasste Überschüsse im MRL

sie einen Jahresüberschuss von ca. 62.500 €. Unter gleichen Voraussetzungen könnten auf der Seite der positiven Regelleistung (unter Zuhilfenahme der Turbinen) Überschüsse von 48.000 € erwirtschaftet werden (siehe Abb. 4.6).

Die Berechnungen zeigen, dass ein wirtschaftlicher Betrieb eines Kanal-Pumpspeichers bei gegebenen Marktregularien (*energy only*; derzeitige Struktur der Regelenergiemärkte) partiell nur in den ertragreichsten Märkten (d. h. Primär- und Sekundärregelleistungsmarkt) möglich ist. Dafür wären im Falle des Primärregelleistungsmarktes höhere Investitionskosten für eine bautechnische Anpassung (hydraulischer Kurzschluss, Druckleitungen, Wasserschloss) notwendig, die aufgrund der unsicheren Entwicklung der Regelleistungsmärkte hohe wirtschaftliche Risiken beinhaltet.

Die Erlösentwicklung eines potentiellen Kanal-Pumpspeicherwerkes korreliert negativ mit der Anzahl der vergleichbaren Angebote auf diesen Märkten. Als Beispiel dient der PRL. Mit einer durchschnittlichen Größe von knapp 570 MW in Deutschland wird dieser Regelleistungsmarkt aktuell vordergründig durch das Oligopol der Großkraftwerke und kleinerer Poolinganbieter (z. B. Next-Kraftwerke), meist angeschlossen in der HÖS-Ebene, bestimmt. Beim Wegfall dieser Kraftwerke, ausgelöst durch bspw. regulatorische Eingriffe, wie dem Atomausstieg oder der Abschaltverordnung alter CO_2-ausstoßender Braunkohlekraftwerke, kann von einer Reduzierung der Angebotsmenge ausgegangen werden. Die hieraus entstehende höhere Nachfrage führt zu steigenden Preisen für den Abruf von Energie an diesem Markt und verbessert damit die Wirtschaftlichkeit eines am PRL betriebenen PSKW. Nachfrageseitig erhöht sich voraussichtlich der Bedarf nach PRL durch die vermehrte Einspeisung dargebotsabhängiger Erzeugungsanlagen. Eine gegenläufige Entwicklung ist ebenfalls als wahrscheinlich anzusehen, wenn alternative Erbringer dieser Systemdienstleistungen, wie Windkraftanlagen oder Batteriespeicher präqualifiziert werden.[4] Darüber hinaus müssen weitere gegenläufige Entwicklungen und regulatorische Eingriffe, wie beispielsweise die Verkleinerung von Losgrößen beachtet werden. Die Unsicherheit der Entwicklung dieser Märkte sollte in weiterführenden Betrachtungen ausgebaut werden, um die Prognosegenauigkeit zur Wirtschaftlichkeitseinschätzung zu erhöhen.

4.4.3 Kombination Teilnahme am Spotmarkt und Teilnahme am Regelleistungsmarkt

Die in diesem Kapitel beschriebene Betriebs- und Vermarktungsstrategie kombiniert die bereits vorgestellten Vermarktungsoptionen zur Teilnahme am Spotmarkt und Regelmarkt.

Peak-Base-Bewirtschaftung mit zusätzlicher Regelenergie-Bewirtschaftung, wie sie in den vorangegangenen Abschnitten beschrieben wurde, basiert auf dem Grundsatz, dass nur die Form von Regelleistung am Markt angeboten werden kann, die gemäß Fahrplan für den Spotmarkt, tatsächlich abgerufen wird. Aufgrund von Preisschwankungen im Spotmarkt, die teilweise vorhersehbar sind (Leistungspeaks zu Mittags- und Nachtzeiten, Lastpeaks in Mittags- und Abendzeiten), können tatsächliche Abrufe durch den Spotmarkt mit entsprechenden Regelleistungsanforderungen unterlegt werden. Dazu kann die Anlage in vier Zustände unterteilt werden, die auf folgenden Märkten zusätzliche Erlöse erzielen können:

1. Anlage ist im Pumpbetrieb
   (MRL negativ und SRL negativ).
2. Anlage ist im Turbinenbetrieb
   (MRL positiv und SRL positiv).
3. Anlage steht, Speicher ist voll
   (Theoretisch beim Abschaltvorgang positive SRL/MRL).
4. Anlage steht, Speicher ist leer
   (Theoretisch beim Abschaltvorgang negative SRL/MRL).

Abweichend von diesen Überlegungen wurde eine Betriebsstrategie entwickelt, welche die beschriebenen Märkte kombiniert. Dabei wird das PSKW auf dem Sekundärregeleistungsmarkt mit negativer Regelleistung im HT-Zeitraum vermarktet. Der HT-Zeitraum umfasst alle Werktage im Zeitfenster von 8:00 bis 20:00 Uhr. In den übrigen Zeiten wird der Speicher am Spotmarkt vermarktet. Dadurch kann der Energiespeicher kostenneutral bzw. kostengünstig geladen werden und so eine deutlich bessere Arbitrage (vgl. Abb. 4.7) erzielt werden. Die Beladung erfolgt daher im HT-Zeitraum am Regelleistungsmarkt und in den übrigen Zeiten am Spotmarkt. Die Beladung und somit der Verkauf der gespeicherten Energiemenge findet ausschließlich am Spotmarkt statt.

[4] dena (2014).

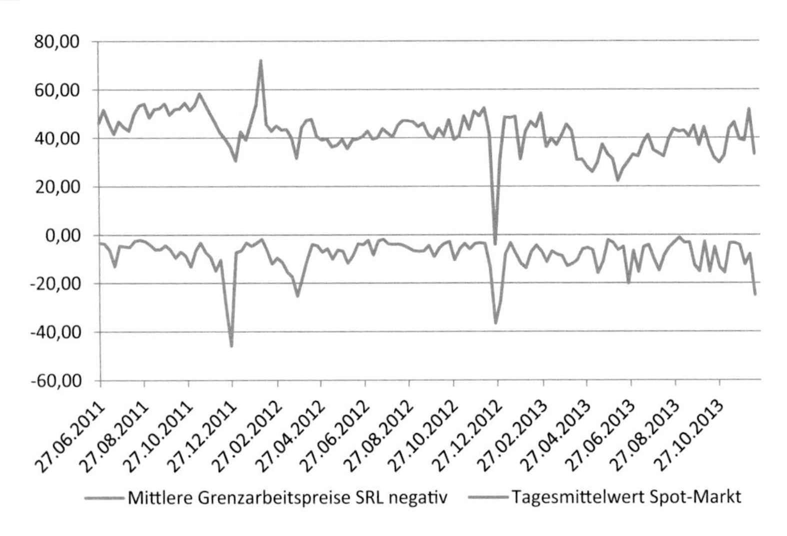

Abb. 4.7 Arbitrage Regelenergie SRL und Spotmarkt

Zur Bestimmung der Erlösoptionen im kombinierten Marktumfeld, musste die bestehende Simulation angepasst werden. Für diese detaillierte Betrachtung der so zu erzielenden Jahresüberschüsse wurde ein Algorithmus entwickelt, dessen grundlegende Funktionsweise und Systematik nachfolgend ausgeführt wird. Zur Abbildung der Spotmarkt-Daten erstellt die Simulation auf der Basis der historischen Marktdaten im Betrachtungszeitraum von 2011 bis 2013 eine rollierende Price-Forward-Curve. Dadurch wird der erwartete Preis für die nächsten anstehenden Transaktionen am Spotmarkt ermittelt. In Abhängigkeit von dem vorhandenen Speichervolumen, dem Wert der gespeicherten Energiemenge und dem durch die Price-Forward-Curve generierten Handelspreis wird eine Kauf- oder Verkaufsentscheidung für den Spotmarkt Ex-Ante getroffen. Basierend auf dieser Entscheidung wird ein Gebot am virtuellen Markt platziert.

Die historischen Daten für den Regelenergiemarkt werden unterschieden nach Leistungspreis und Arbeitspreis. Für den Leistungspreis wird für jedes Aktionsfenster und jedes Produkt (HT, NT, Positiv und Negativ) ein maximaler sowie ein durchschnittlicher Wert ermittelt. Von diesem maximalen Wert wird angenommen, dass durch eine gute Vermarktungsstrategie eines Händlers durchschnittlich 50 % erzielt werden können. Anschließend wird aus den Geboten mit in der Auktion bezuschlagtem Leistungspreis eine Merit-Order-Kurve für den Arbeitspreis pro Auktionszeitraum und Produkt gebildet. Die ermittelte Merit-Order-Kurve wird gegen die jeweilige tatsächlich abgerufene Leistung durch die Netzbetreiber gestellt, um den tatsächlichen Grenzarbeitspreis der entsprechenden Viertelstunde darzustellen. Somit bleiben aus der Auswertung der Regelenergiedaten als relevante Eingangsgrößen für die Vermarktung der maximale Leistungspreis und der Grenzarbeitspreis.

Des Weiteren fließen in die Simulation der aktuelle Füllstand des Elbe-Seiten-Kanals und soweit anwendbar der anzulegende Wert des Speicherinhalts mit ein. Zusätzlich wer-

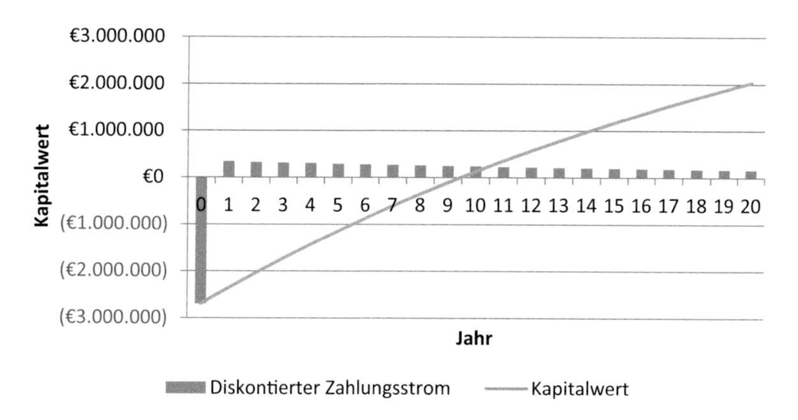

Abb. 4.8 Wirtschaftlichkeitsbetrachtung des kombinierten Betriebs

den die in Kap. 2 beschriebenen Restriktionen und Annahmen sowie die in Kap. 3 und den zugehörigen Unterkapiteln dargestellten energierechtlichen Parameter berücksichtigt. Weiter werden in der Simulation die beiden Standorte Scharnebeck und Uelzen als eine Einheit zusammengefasst. Zusätzlich zu den bisher besprochenen Restriktionen wird die vorhandene Leistung auf 4 MW Pump- und Turbinenleistung herunterskaliert, unter anderem um Betriebszeiten und das Fassungsvermögen des Mittelbeckens zu berücksichtigen.

Der durch die Betriebsstrategie ermittelte jährliche durchschnittliche Überschuss wird in einer weiterführenden Wirtschaftlichkeitsbetrachtung untersucht, deren Ergebnisse sind in Abb. 4.8 dargestellt.

Allerdings ist der jährliche kombinierte durchschnittliche Überschuss im Betrachtungszeitraum von rund 385.000 € unsicher. Um diesen Unsicherheiten Rechnung zu tragen, könnte das Sicherheitsäquivalent der Zahlungsströme bestimmt werden.[5] Das Sicherheitsäquivalent bezeichnet diejenige sichere Zahlung, deren Nutzen demjenigen der unsicheren Zahlung entspricht.[6] Im Allgemeinen wird von risikoaversen Entscheidungsträgern ausgegangen. Risikobehaftete Zahlungsströme besitzen dann einen geringeren Nutzen für den Entscheider und werden geringer bewertet als sichere Zahlungsströme. Folglich ist das Sicherheitsäquivalent kleiner als der *normale* Erwartungswert (Risikoabschlag). In Unkenntnis des konkreten Entscheiders und seiner Risikonutzenfunktion wird in der Wirtschaftlichkeitsanalyse ein Abschlag von 10 % von dem kombinierten jährlichen Überschuss vorgenommen. Das Ergebnis der Wirtschaftlichkeitsanalyse zeigt einen positiven Kapitalwert von rund 2 Mio. € bei einer angenommenen Laufzeit von 20 Jahren auf. Der interne Zinsfuß beträgt 11,43 % und die Amortisationszeit der kombinierten Anlage beläuft sich auf 10 Jahre. Somit stellt diese Option, unter den gegebenen Voraussetzungen und Annahmen, die wirtschaftlichste Variante der Speichernutzung dar und erfüllt die angestrebte maximale Amortisationsdauer.

[5] Kruschwitz (2011, S. 368).
[6] Laux et al. (2014, S. 213–218).

Tab. 4.6 Zusammenfassung der Jahresüberschüsse je Option

Anlagen	Spotmarkt Day-Ahead	Minutenreserve-leistung	Sekundärregel-leistung	Kombination
Überschüsse	[€/a]	[€/a]	[€/a]	[€/a]
Scharnebeck	46.000	49.000	95.000	345.000
Uelzen	33.000	62.000	138.000	
Amortisationsdauer beider Anlagen	**>50 a**	**35 a**	**17 a**	**10 a**

4.4.4 Übersicht der Vermarktungsmöglichkeiten

In diesem Abschnitt ist eine Zusammenfassung der möglichen Vermarktungsoptionen angefügt (vgl. Tab. 4.6). Dies dient zur schnellen Übersicht aller untersuchten Marktoptionen und ermöglicht einen Einblick in die potenziellen, jährlichen Überschüsse der Einzelsysteme. Als Annahme für diese Zahlen gilt die Umbauvariante mit den geringsten Investitionskosten.

Bei den Regelleistungsmärkten gelten die Überschüsse jeweils nur beim Betrieb beider Anlagen. Hintergrund ist der kombinatorische Einsatz der Pumpen in Uelzen als Last- und der Turbinen als Leistungssysteme.

4.5 Abwägungsrelevante Parameter

Eine Reihe von Faktoren muss beachtet werden, um die dargestellten Umbauvarianten vergleichend ökonomisch zu bewerten, die in die Wirtschaftlichkeitsrechnungen eingehen:

- Hydromechanische Grenzwerte
  Die wasserbaulichen Anforderungen an ein Kanalpumpspeicherwerk können variieren. So ist im Detail zu klären, welche Effekte nach möglichen Neu-/An- oder Umbauten dem Kanal aus Sicht der Genehmigungsbehörden und der WSV zugemutet werden können. Neben rechtlichen Gegebenheiten sind hier auch politische Faktoren zu berücksichtigen. Je nach Höhe der Parameter ergeben sich unterschiedliche technische Potenziale und damit unterschiedliche ökonomische Einsatzmöglichkeiten.
- Investitionskosten für den Umbau
  Die Investitionskosten gehen als fixe Kosten zum Zeitpunkt $t=0$ in die Wirtschaftlichkeitsberechnung ein.
  Zugleich beeinflusst die Höhe der Investitionskosten die Investitionsentscheidung dergestalt, dass ab einer bestimmten Höhe Budgetrestriktionen greifen und bei geringen Investitionskosten durch (strategischen) Investoren eine Bereitschaft für eine Finanzierung vorhanden sein könnte, auch wenn zum Investitionszeitpunkt keine Rendite in der üblicherweise geforderten Höhe erkennbar ist – ein strategisches Interesse an der

Umsetzung der technischen Lösung vorausgesetzt. Mit der Umsetzung erschließt sich der strategische Investor eine Option (Realoption), die in die Bewertung der Investition einfließt.[7]
Die Investitionskosten werden nicht nur durch die Wahl der Umbauvariante bestimmt, sondern zugleich durch mögliche Umbauten an den bestehenden Anlagen durch die WSV selbst (Ersatzinvestitionen).

- Wirkungsgrad
  Der Wirkungsgrad gibt an, wie hoch die Speicherverluste sind. Diese bestimmen die Höhe der Differenz aus Ein- und Auszahlungen mit. Die Ausführungen in Kap. 4 haben gezeigt, dass es hier Optimierungspotenzial gibt, wenn bestehende Anlagen modernisiert werden.
- Markt
  Für die meisten Märkten bestehen Zugangsbeschränkungen: Zunächst muss ein Pumpspeicher zugelassen werden. Es sind etwa auf den bestehenden Systemdienstleistungsmärkten (kurz SDL), also den Regelleistungsmärkten, technische Voraussetzungen zu erfüllen, z. B. die Anlaufzeiten, die für den Primärregelleistungsmarkt im Falle des Kanal-Pumpspeichers nur bei hydraulischem Kurzschluss erreicht werden.
  An einigen Märkten müssen Mindestgrößen erfüllt werden. Diese hängen vom rechtlichen Rahmen ab, der wiederum Änderungen unterworfen ist. Einzelne Umbauvarianten könnten die Mindestgrößen unterschreiten und wären dann, isoliert ohne Pooling, nicht zugangsberechtigt.
  Darüber hinaus sind Veränderungen in der Angebotsstruktur (Konkurrenzsituation, Marktsättigung) zu beachten, die einen Einfluss auf den Spread am Spotmarkt und die Preisentwicklungen auf den Regelleistungsmärkten haben. Daraus folgt im Regelfall, dass die Fahrweise eines Kraftwerks angepasst werden muss, um weiterhin optimal am Markt zu agieren.
- Technischer Bedarf an Speichern
  Der aus technischen Gründen bestehende Bedarf an Speichern – bzw. allgemein Flexibilisierungsoptionen – verändert sich mit der technischen Entwicklung und Zusammensetzung des Erzeugungsportfolios. Es ergeben sich entsprechende Anforderungen an die Netzstabilität. Die damit verbundenen technischen Anforderungen können einzelne Einheiten in unterschiedlicher Weise erfüllen.

Wenn der notwendige rechtliche Rahmen geschaffen wird, könnten neue Märkte entstehen (z. B. Blindleistungsbereitstellung, Schwarzstartfähigkeit oder andere Systemdienstleistungen, siehe Tab. 4.7). Es ist allerdings auch denkbar, dass die Erfüllung dieser Systemdienstleistungen über technische Anschlussbedingungen von Anlagen sichergestellt wird. Der regulatorische Rahmen ist damit höchst unsicher. Erlöspotenziale sind insofern

[7] Zu Realoptionen: Trigeorgis (1995), Amram und Kulatilaka (1999) Hommel (1999); kritisch: Kruschwitz (2011, S. 419–420).

Tab. 4.7 Einflussfaktoren auf die Wirtschaftlichkeit und Ausprägungen in den einzelnen Umbauvarianten

Umbauvariante	Erläuterung	Hydromechanische Grenzwerte	Markt	Technischer Bedarf	Wirkungsgrad [%]	Investitionskosten [€]
UV 1	Umrüstung Pumpen	Kavitationsprobleme	Spot, MRL	Schwarzstartfähigkeit (S), Blindleistungsbereitstellung (B), weitere SDL, begrenzte Regelbarkeit	55,04	5.400.000
UV 2	Turbinen Entlastung	Sicherstellung der Entlastungsmenge	Spot, SRL, MRL		53,85	6.250.000
UV 3	UV 1 + UV 2		Spot, SRL, MRL		46,79	11.650.000
UV 4	Neubau Entlastung	Höhere Lamellenamplitude & Fließgeschwindigkeit	Spot, SRL, MRL		–	–
UV 5	Extra Entlastung		Spot, SRL, MRL		58,37	–
UV 6	Neue Pumpturbinen	Möglicherweise geringe Pumpleistung	Spot, SRL, MRL	S, B, weitere SDL, Schnellere Umschaltgeschwindigkeit	72,72	2.702.000
UV 7	(n – 1) Pumpturbinen		Pooling		55,06	990.000
UV 8	Hydraulischer Kurzschluss	Dauerhafte Abgabe und Entnahme	Spot, alle SDL-märkte	S, B, weitere SDL, Maximale Flexibilität	–	–

Anmerkung: *MRL* = Minutenreserveleistung, *SDL* = Systemdienstleistung, *SRL* = Sekundärregelleistung, *UV* = Umbauvariante

nicht seriös zu kalkulieren, solange keine hinreichende Klarheit über Design, Nachfrage und Struktur der potenziellen Märkte oder Nachfrageseite herrscht.

Vor dem Hintergrund der genannten Kriterien wurde in Abschn. 4.4 „Umbauvariante 6 Ersatz der vorhandenen Pumpen durch neue Pumpturbinen“ als optimale Variante identifiziert.

Bei der Betrachtung des Spotmarktes erscheint es sinnvoll, die Betriebszeiten zu optimieren – weg von 6 h als Festgröße hin zu Betriebszeiten bei maximalen Spreads. Der maximale Spread ermöglicht neben einer geringeren Laufzeit des Kostenfaktors Pumpen auch eine deutliche Optimierung der Rückflüsse. In ähnlicher Weise wären für die Bereitstellung von Systemdienstleistungen flexiblere Fahrweisen notwendig. Zugleich ist davon auszugehen, dass sich das Marktdesign mittelfristig verändert. Damit werden möglicherweise andere technische Anforderungen an ein Pumpspeicherwerk gestellt, soll dieses auf den neu gestalteten Märkten agieren. In diesem Zusammenhang wären die Annahmen bezüglich der Betriebskosten und Lebensdauer der Anlagen, die im Rahmen der Wirtschaftlichkeitsrechnungen getroffen wurden, erneut zu prüfen.

Alternativ ist es denkbar, dass das System auf lokale bzw. regionale Gegebenheiten hin optimiert und in ein regionales Portfolio eingebunden wird. Eine erste Variante einer solchen Lösung wird im nachfolgenden Kapitel dargestellt.

Literatur

50Hertz Transmission GmbH, Amprion GmbH, TransnetBW AG, TenneT TSO GmbH (2015) regelleistung.net: Internetplattform zur Vergabe von Regelleistung

Amram M, Kulatilaka N (1999) Real Options: Managing Strategic Investment in an Uncertain World. Harvard Business School Press, Boston (MA)

consentec (2014) Beschreibung von Regelleistungskonzepten und Regelleistungsmarkt. Studie im Auftrag der deutschen Übertragungsnetzbetreiber. 27.02.2014. Aachen. https://www.regelleistung.net/ip/action/downloadStaticFiles?download=&CSRFToken=239bec61-2fbd-4b97-9fc8-c6cebfd1f151&index=8xkos-DA5Yg%3D. Zugegriffen: 08.07.2015

dena (Deutsche Energie-Agentur GmbH) (2014) dena-Studie Systemdienstleistungen 2030. Voraussetzungen für eine sichere und zuverlässige Stromversorgung mit hohem Anteil erneuerbarer Energien. Endbericht. Berlin

Hommel U (1999) Der Realoptionsansatz: das neue Standardverfahren in der Investitionsrechnung. M&A Review, S 23–29

Konstantin P (2009) Praxisbuch Energiewirtschaft. Springer, Berlin/Heidelberg

Kruschwitz L (2011) Investitionsrechnung. 13. Aufl. Oldenbourg, München

Laux H, Gillenkirch RL, Schenk-Mathes HY (2014) Entscheidungstheorie. 9. Aufl. Springer Gabler, Wiesbaden:

Perridon, L., Steiner, M., & Rathgeber, A. W. (2014). *Finanzwirtschaft der Unternehmung*. Vahlen.

Trigeorgis L (ed) (1995) Real Options in Capital Investment. Models, Strategies, and Applications. Praeger, Westport (CT)

Speichersimulation der regionalen Speicherkomponente unter Zuhilfenahme eines künstlichen Lastprofiles

5

Maik Plenz

In einer ersten Simulation des Pumpspeicherwerks Elbe-Seitenkanal wird die Verwendung des Speichers als Element zum Ausgleich fluktuierender Erneuerbarer-Energien-Einspeiser im regionalen Raum untersucht. Ziel des Speichersystems in dieser Simulation ist die Glättung der Netzauslastung im Verteilnetz, an welchem regional angrenzende Erzeuger- und Verbrauchereinheiten angeschlossen sind. Die hieraus resultierende, technisch durch die Simulation zu erreichende Bedingung kann mit der Maßgabe Residuallast = 0 umschrieben werden.

Die verwendeten Leistungsdaten des Speichersystems Elbe-Seitenkanal stammen aus der Umbauvariante 6 (Integration von Turbinen in die Entlastungsleitungen – Nutzung bestehender Pumpen). Als Beispiel wird eine Region gewählt, die Gemeinden in der Nähe der Schleuse Uelzen und des Schiffshebewerkes Scharnebeck umfasst. Um ein realistisches Einspeiseprofil zu erhalten, werden entsprechend regionaler Vorgaben die folgenden Erzeugungseinheiten und Leistungen angenommen:

- 5,8 MW Windenergie,
- 4,9 MW Solarenergie und
- 0,9 MW Leistung aus Biomassenanlagen.

Die zur Ermittlung realistischer Erzeugungsdaten verwendeten Einstrahlungs- und Windgeschwindigkeitsdaten werden für den Verlauf von sieben Tagen im Betrachtungshorizont einer zufällig gewählten Kalenderwoche (KW) des Jahres 2014 ermittelt (siehe Abb. 5.1). Die ermittelte KW 29 bildet eine typische Woche im Sommer ab.

Maik Plenz ✉
BTU Cottbus-Senftenberg, Cottbus, Deutschland
e-mail: maik.plenz@b-tu.de

H. Degenhart et al. (Hrsg.), *Pumpspeicher an Bundeswasserstraßen*,
DOI 10.1007/978-3-658-10916-5_5

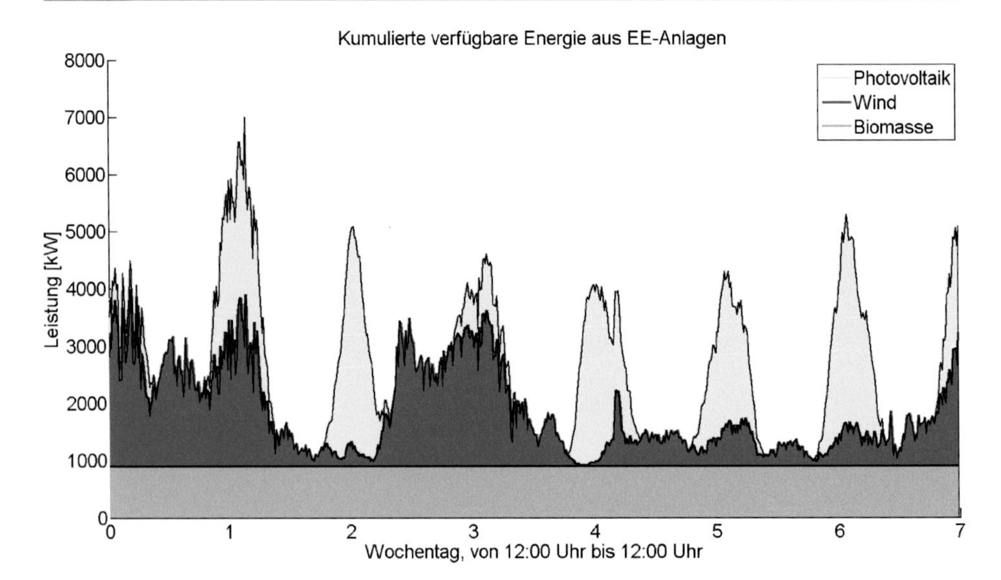

Abb. 5.1 Kumulierte Erzeugungsleistung der regional vorhandenen Erneuerbaren-Energien-Anlagen in der KW 29 des Jahres 2014

Um den realen Verbrauch einer regional auftretenden dörflichen Last abzubilden, werden 2500 Dreipersonenhaushalte und regional vorkommende Unternehmen (u. a. Gutshöfen, Gasthäusern, Kleingewerbe) mittels ihrer Standardlastprofile in die Simulation integriert (siehe Abb. 5.2).

Die Leistungsdifferenz R_0

Ermittlung der Leistungsdifferenz

$$R_0 = P_{t,Erzeugung} - P_{t,EE\text{-}Last} \quad [\text{kW}] \tag{5.1}$$

der erhaltenen Verbrauchs- und Einspeisewerte – auf 15-minütiger Basis – übersteigt auf positiver Seite Werte von 5000 kW nicht und fällt ebenso nicht unter 2500 kW negativer Leistungsdifferenz (sortierte Werte in Abb. 5.3).

Bilanziell kumuliert beträgt der Energieausgleich über den untersuchten Zeitraum, der in Abb. 5.3 verdeutlicht wird und durch das Speichersystem ausgeglichen werden muss, 30 MWh. Dies bedeutet, dass diese überschüssige Energie aufgrund ihrer bedarfsunabhängigen Erzeugung, zwischengespeichert werden muss. Für die weiteren Berechnungen wird angenommen, dass unter Zuhilfenahme der Umbauvariante 6 das Pumpspeicherwerk Elbe-Seitenkanal einen vertikal zeitlich verschobenen Lastausgleich, also eine Residuallast = 0 (R_0), anstrebt. Die Zielstellung ist die Generierung eines konstanten, regionalen Baseloads.

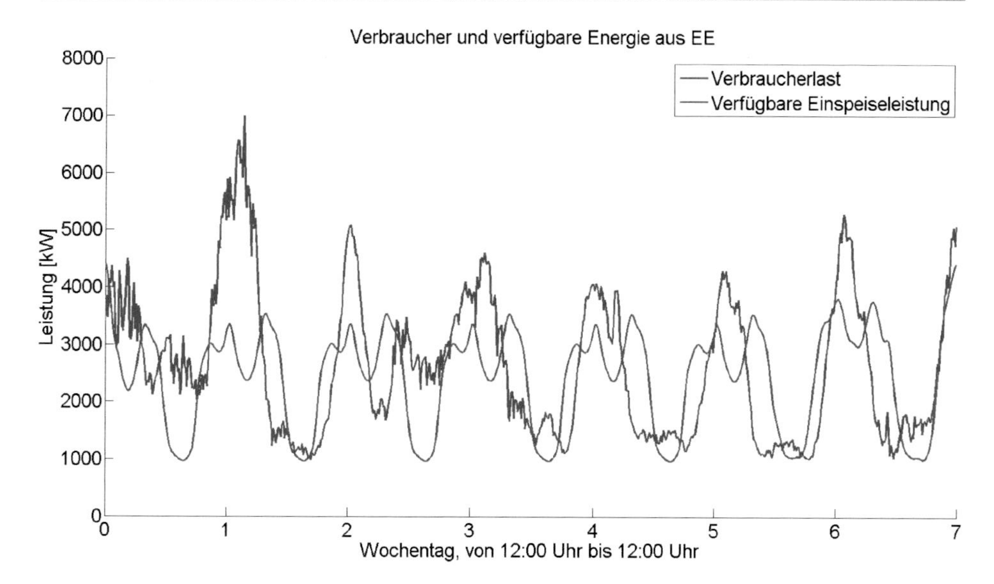

Abb. 5.2 Verfügbare Energie aus Erneuerbare-Energien-Anlagen und Verbraucherprofil in der Beispielregion

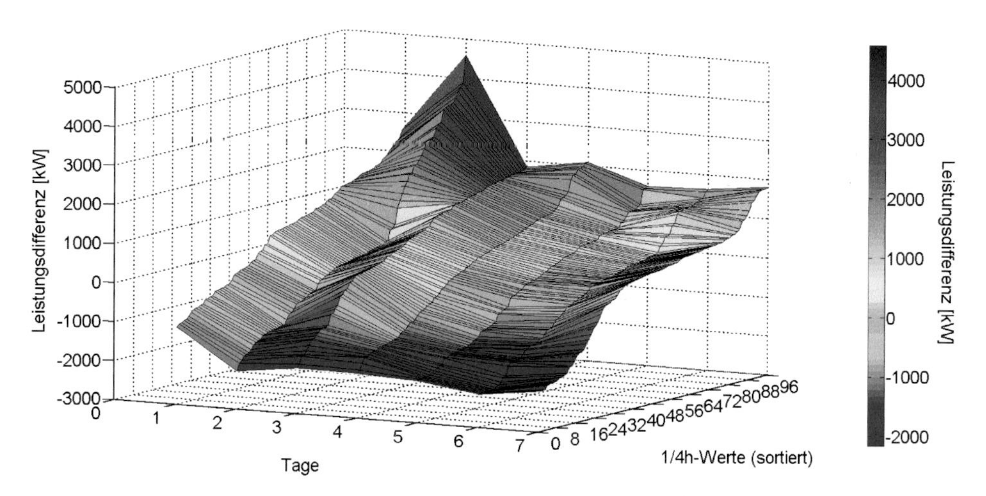

Abb. 5.3 Sortierte Leistungsdifferenz von sieben Tagen

In dem untersuchten Szenario (Abb. 5.4) gelingt es, zu 66 % eine zeitliche Verschiebung der fluktuierenden Energieeinspeisung (siehe schwarzer Graph in Abb. 5.4) sicherzustellen und somit eine Region zum großen Teil autonom zu versorgen. Dies resultiert einerseits aus den gegenläufigen Leistungsprofilen von Verbrauchern und Erzeugern. Anderseits zeigt sich, dass die Bundeswasserstraße – in diesem Fall der Elbe-Seitenkanal –

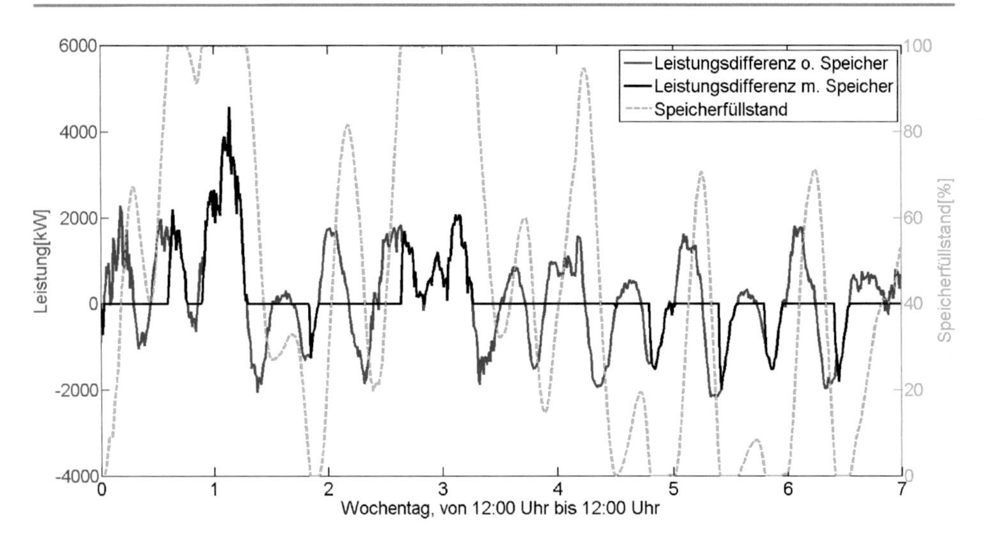

Abb. 5.4 Speichersimulation Umbauvariante 6 in der Beispielregion

in der Lage ist, als regionaler Energiespeicher zu fungieren. Nicht verschobene Leistungsspitzen sind auf zu geringe Durchflüsse, niedrige Pumpen-Turbinen-Leistungen und unzureichende Wirkungsgrade der vorgestellten Variante zurückzuführen. Diese Simulation verdeutlicht jedoch nur *eine* Einsatz-/Dienstleistungsmöglichkeit einer regionaler Speichereinheit Kanalpumpspeicher Elbe-Seitenkanal.

Fazit und Ausblick

6

Maik Plenz und Lars Holstenkamp

6.1 Zusammenfassung der Ergebnisse zur technischen, rechtlichen und wirtschaftlichen Machbarkeit eines Kanalpumpspeichers

Die vorstehenden Ausführungen zeigen, dass sich das bestehende Netz der Bundeswasserstraßen zur regionalen Energiespeicherung eignet. Untersuchungsmittelpunkt waren die Referenzobjekte Schiffshebewerk Scharnebeck und Schleuse Uelzen am Elbe-Seitenkanal. Für diese Abstiegsbauwerke wurden insgesamt acht Umbauvarianten identifiziert und unter technischen wie wirtschaftlichen Gesichtspunkten abgewogen. Für eine weiterführende technische Realisierung innerhalb einer bestehenden Schleusungs- bzw. Schiffshubanlage müssen folgende Faktoren beachtet werden:

- Die internen und externen Faktoren zur Pumpspeicherung (u. a. ausreichende Potentialunterschiede, durch Staustufen abgegrenzte Kanalsysteme, Vorhandensein einer Speicherlamelle, keine Gefährdung oder Beschränkung der Schifffahrt) müssen erfüllt sein.
- Eine nach diesen Parametern ausgewählte Staustufe kann in unterschiedlicher Art und Weise zu einem Pumpspeicherwerk umgerüstet werden.
- Bestehende Anlagentypen der Staustufe sollten auf dem neuesten technischen Entwicklungsstand sein, um den Wirkungsgrad des Gesamtsystems nicht überdurchschnittlich zu belasten.
- Die einfachsten Lösungen bestehen in der Installation von Turbinen in die zur Entlastung genutzten Leitungen sowie die Neuinstallation von sogenannten Pumpturbinen. Jede dieser Turbinentypen hat spezifische Vor- und Nachteile. Welche Turbinenart für

Maik Plenz ✉
BTU Cottbus-Senftenberg, Cottbus, Deutschland
e-mail: maik.plenz@b-tu.de

Lars Holstenkamp
Leuphana Universität Lüneburg, Lüneburg, Deutschland
e-mail: holstenkamp@leuphana.de

H. Degenhart et al. (Hrsg.), *Pumpspeicher an Bundeswasserstraßen*,
DOI 10.1007/978-3-658-10916-5_6

die entsprechende Staustufe in Frage kommt, bedarf einer Einzelfallprüfung. Die Verwendung mehrerer Turbinenarten an einer Staustufe oder die Implementierung eines hydraulischen Kurzschlusses ist denkbar.

- Der Bedarf an erforderlichen Umbauarbeiten ist vom verwendeten Turbinentyp abhängig. Deshalb ist eine individuelle Abwägung für jede Staustufe erforderlich.
- Begrenzt werden die Umrüstungen durch das zur Verfügung stehende Platzangebot im Maschinenhaus und den Durchleitungen. Daneben gilt es, Einflüsse wie Reibungen innerhalb des bestehenden Rohrsystems, Rohrverzweigungen und hydrodynamische Turbulenzen in einer örtlichen Verlusthöhe zu berücksichtigen und zu optimieren. Eine Überschreitung der Vorgaben bezüglich Querströmungen, Schwallwellen und Fließgeschwindigkeiten in den Bundeswasserstraßen erfolgt dabei nach bisherigem Kenntnisstand nicht. Ferner muss die Entstehung von Oberflächenwellen vermieden werden, die weite Strecken den Kanal entlanglaufen können, da sie kaum gedämpft werden.

Die angeführte Simulation in Kap. 5 zeigt, dass eine autonome Energieversorgung einer Region (in diesem Beispiel der Region Uelzen/Niedersachsen) unter Zuhilfenahme bestehender und informationstechnisch koordinierter, alternativer Erzeugereinheiten zusammen mit einem Kanalpumpspeichersystem zu großen Teilen möglich erscheint.

Im juristischen Teil dieses Buches (Kap. 3) wurde u. a. geprüft, welche rechtlichen Vorgaben und Verfahrensschritte bei der Umsetzung zu beachten sind. Ein Planfeststellungsverfahren ist aufgrund der wasserhaushaltsrechtlichen Vorgaben erforderlich. Innerhalb dieses Verfahrens können auch die Voraussetzungen für die Erteilung einer ssG (§ 31 WaStrG) und einer wasserrechtlichen Gestattung nach §§ 8, 9 WHG geprüft werden. Für die abschließende Prüfung der rechtlichen Machbarkeit ist die Einholung eines gewässerökologischen Gutachtens notwendig. Für den Betrieb durch private Investoren müssen beihilfe- und vergaberechtliche Vorgaben beachtet werden. Die entgeltliche Nutzungsmöglichkeit eines Kanal-Pumpspeicher an einer Bundeswasserstraße sollte transparent ausgeschrieben werden. Mit diesen Einschränkungen erscheint ein Kanal-Pumpspeicher *aus rechtlicher Perspektive* grundsätzlich möglich.

Darüber hinaus kann festgehalten werden, dass Speichereinheiten augenscheinlich bei der aktuellen Marktsituation nicht mehr hinreichende Erlöse erzielen, solange lediglich ein Markt bedient wird. Neuinvestitionen in Pumpspeicher rechnen sich aktuell nur in komplexen Kombinationen zwischen Spotmarktteilnahmen und Regelleistungsbereitstellungen. Technische Anpassungen, welche ebenfalls in den Umbauvarianten des Pumpspeicherwerkes Elbe-Seitenkanal untersucht wurden – hin zu maximaler Flexibilität –, könnten in Zukunft sinnvoll sein, wenn die Systemdienstleistungsmärkte weiterentwickelt und/oder Kapazitätsmechanismen bzw. andere Fördermechanismen geschaffen werden. Auch regionale Kleinspeicher, wie das geplante Pumpspeicherwerk Elbe-Seitenkanal, könnten von dieser Änderung des Marktdesigns profitieren. Zu prüfen ist, inwieweit aus der Flexibilisierung resultierende technische Anforderungen wirtschaftlich umsetzbar sind und sich möglicherweise Konflikte mit den Interessen der WSV ergeben. Hierzu sind vertragliche Lösungen zwischen Betreibern und WSV notwendig, in denen die Verantwortlichkeiten und die Risikoverteilung klar geregelt werden.

6.2 Weiterführende Überlegungen für eine Realisierung der Kanalpumpspeicher-Idee

Weitere Untersuchungen zur Einbindung eines Kanalpumpspeichers in ein regionales virtuelles Kraftwerk und/oder in die Stromversorgung der Wasser- und Schifffahrtsverwaltung sollten sich anschließen. In der simultanen Optimierung von Wasser- und Energiewirtschaft liegt weiteres Potenzial, das im vorliegenden Projekt nicht vertiefend untersucht werden konnte. Für die Realisierung wird es notwendig sein, das wasserwirtschaftliche Know-how und die Kompetenzen der Wasser- und Schifffahrtsverwaltung mit energiewirtschaftlicher Expertise zu verbinden, die Partner in ein solches Vorhaben einbringen. Dabei können weitere Investitionen in erneuerbare Energien entlang des Kanals in die Überlegungen einbezogen werden.

Die Wirtschaftlichkeit eines Kanalpumpspeichers verbessert sich auch dann, wenn beim Austausch von Pumpen oder Änderungen am Rohrleitungssystem Überlegungen zur energiewirtschaftlichen Nutzung berücksichtigt werden. Besonders günstige Zeitfenster für die Umsetzung eines Kanalpumpspeichers ergeben sich dann, wenn Umbauten vorgenommen werden.

In besonderer Weise gilt dies für den Fall, sollte eine neue Schleuse in Scharnebeck errichtet werden: Zur Ertüchtigung des Elbe-Seitenkanals und Beseitigung des Engpasses in Scharnebeck ist der Neubau einer Schleuse geplant. Damit könnten nicht nur wie bisher Binnenschiffe mit einer Länge von 100 m das Schiffshebewerk passieren, sondern Schubverbände mit einer Länge von 225 m die neue Schleuse nutzen. Ziel ist es, den Elbe-Seitenkanal in seiner Bedeutung für das norddeutsche Wasserstraßennetz zu erhalten und die wachsenden Güterströme aus dem Hamburger Hafen nicht allein auf Schiene und Straße zu verlagern. Eine Allianz aus den Bundesländern Hamburg und Niedersachsen, der Handelskammer Hamburg und der Industrie- und Handelskammer (IHK) Lüneburg-Wolfsburg sowie der Umweltverbände WWF Deutschland und Bund für Umwelt und Naturschutz Deutschland (BUND) Landesverband Niedersachsen setzt sich dafür ein, dass der Schleusenneubau in den vordringlichen Bedarf des neuen Bundesverkehrswegeplans aufgenommen wird.

Das Schleusenneubauprojekt hat ersten Schätzungen folgend ein Investitionsvolumen von rund 260 Millionen Euro. Energiewirtschaftliche Fragen sollten, angesichts des vorhandenen Potenzials und der im Vergleich überschaubaren Investitionskosten eines Kanalpumpspeichers, bei den Planungen Berücksichtigung finden. Da bei einem Schleusenneubau ein enormer Aushub von Boden notwendig würde, könnten dann auch solche Umbauvarianten realisiert werden, die aus ökonomischen Gründen in der vorliegenden Untersuchung bisher ausgeschlossen wurden.

Sachverzeichnis

H. Degenhart et al. (Hrsg.), *Pumpspeicher an Bundeswasserstraßen*,
DOI 10.1007/978-3-658-10916-5

W

Printed in the United States
By Bookmasters